U0121449

大展好書　好書大展
品嘗好書　冠群可期

大展好書　好書大展
品嘗好書‧冠群可期

親子系列

5

數學疑問破解

江藤邦彥／著

陳蒼杰／譯

大展出版社有限公司

前 言

面對算術或數學而未曾發生過挫折感的人，可能沒有。有些人在分數的加法上，

$$\frac{1}{2} + \frac{1}{2} = \frac{2}{4} = \frac{1}{2}$$

遭到嘲笑而討厭數學。或有人面對，

$$\frac{2}{3} \div \frac{3}{5} = \frac{2}{3} \times \frac{5}{3}$$

的計算時，自然而然產生「為什麼在分數的除算時，後面的分數顛倒之後才能乘呢？」的疑惑而百思不解。

其他，因在學校被教導圓錐或角錐的體積是圓柱或角柱的「$\frac{1}{3}$」，在無法理解的情況之下而討厭數學的人也不少。

然而，事實上擁有疑問才能喜歡上算術或數學的訣竅。

但多數的人雖然湧出那麼多的好問題，卻因一直得不到正確的解答而開始討厭算術或數學。

想想真是太可惜了。例如，當認為「抽籤不是中就是不中，各佔一半，機率應該是$\frac{1}{2}$才對」時，便是真正了解機率的絕佳機會。

只要對算術或數學擁有單純疑問的人，絕對不會有

「太遲」或者「來不及」的情形。

實際上在社會如果自己無法利用數學解決問題是不行的，或者當電視新聞報導「××外海的地震為芮氏5.4級時」，小孩詢問「地震與芮氏的關係是什麼？」時，可當場回答出來的父母，相信其權威感可提高不少。

此時如果能進一步說明「芮氏差一度將變成什麼」，那麼就更完美了。

自己感到疑問時，相信別人或自己的小孩也會有疑問，對於疑問能找到自己可接受的答案時，那麼你必然會喜歡上數學或算術；而且也不見得一有疑問便能夠四處問人。

這本書是站在商務人士或為人父母的立場，對一些算術或數學疑問提出解答，以傳達一般常識的數學知識。

同時也希望本書能成為瀏覽數學世界的指南書。

若本書，能讓曾經在學校對數學不擅長的人，能再度提起興趣而認為數學相常有趣；甚至在日常生活中能靈活運用的話，那麼身為筆者的我將深感榮幸。

江藤　邦彦

目　錄

① 似懂非懂
不可思議的算術世界

❷ 孩子發問也答得出來的 各種疑問

③ 有關工作、金錢的數學

4 運動、旅行的數學

⑤ 生活周遭的疑問破解

6 原來如此！
我更了解自然科學了！

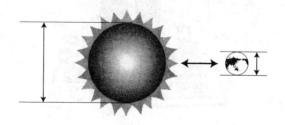

謎與遊的數學

①

似懂非懂
不可思議的算術世界

1 0是偶數？ －3是奇數？ 這是問題所在

　　當被問到「爸，0是偶數嗎？」時，可能會回答「嗯！是啊。可以被2除盡所以是偶數」。偶數是

　　2，4，6，8，10，12，14，…………

　　奇數是：

　　1，3，5，7，9，11，13，…………

　　到這裡爲止每一個人都知道，但0或負數時情況如何呢？

　　「世界上的數字可以分成偶數與奇數。0可以除以2，當然是偶數」持這種想法的人很多。

　　但是根據數學的定義，偶數是「自然數中可以用2除盡的數」。另外，奇數是「自然數中不可以用2除盡的數」。

　　提到「偶數」、「奇數」，在數學的世界中僅限於「自然數」而已。自然數是

　　1，2，3，4，5，6，…………

　　一般由「1」開始的「自然整數」，沒有包括0。也沒有包含負數。因此應該回答「0不是偶數也不是奇數」才對。另外，－4不是偶數，－3或－5不是奇

數。

另外涵蓋正的整數（自然數）與 0、以及負的整數的數通稱爲整數。如下所示

整數 {
自然數
0
負的整數
}

在數學的世界裡正如偶數或奇數一般，常具有「明確的意義或內容是什麼」的定義，根據其定義的前提條件思考問題，那麼算術或數學是相當順暢可理解的。

掌握這項原則之後，我們再提一個問題來看。

「 1是否屬於質數？」

被問到「質數」時，相信還記得的人已不多了，其定義爲「比1大的整數，除了1和其本身之外沒有其他的正因數的數」。具體的說是，

2, 3, 5, 7 ,11,13,17,19,…………

以上所排列的數。例如，「 6 」是除了「 1 與自己」以外，還可被「 2 」或「 3 」除盡，所以不是質數。

根據質數的定義， 1 似乎被排除在外，令人深感同情，但其不屬於質數。能夠正確了解定義，即可了解數學的結構。

點、點、點會移動位置
令人難理解的小數點

　　有小數點的數字互相計算時較為複雜。討厭數學的人不少，因小數點計算問題而厭煩的人相信有很多。

　　雖然如此，小數點的加法或減法很容易，將小數點的位置如下列的數字一樣對齊，直接計算即可。最後再將小數點降下。

　　計算如下：

$$
\begin{array}{r}
6,34 \\
+\ 2,12 \\
\hline
8,46
\end{array}
\qquad
\begin{array}{r}
6,34 \\
-\ 2,12 \\
\hline
4,22
\end{array}
$$

　　至於小數的乘法，小數點如何處理呢？「跟上面的例子一樣處理就可以了」的想法是錯的。除法時小數點會「點點點……」地移動位置。

　　那麼小數的除法時，小數點如何處理呢？小數點為何要移動呢？

　　以下，我們舉計算例來說明。

　　小數的乘法如下例所示，首先找 2 個小數的「小數點以下的位數的合計」。接下來將位數從答案的右端移

動到左方打上小數點，
如此便可求出答案。

　　爲什麼小數點會
這樣移動呢？我們來
探討其緣故，想一想。

　　現以庭院的田地
撒肥料爲例來說明。

◆乘法時，小數點不能直接放下來

$$
\begin{array}{r}
3.46 \quad \cdots\cdots \text{小數點以下}\boxed{2}\text{位} \\
\times \quad 5.8 \quad \cdots\cdots \text{小數點以下}\boxed{1}\text{位} \\
\hline
2768 \\
1730 \quad\quad \boxed{2+1} \\
\hline
20.068 \quad \cdots\cdots \text{小數點以下}\boxed{3}\text{位}
\end{array}
$$

　　例如，所需要的
肥料量爲每 1 平方公尺需要1.6dl（公升）

　　2.4平方公尺的田平均撒上肥料，需要用掉多少公升
呢？我們來計數看看。其用量是，

　　　　1.6×2.4

計算式如上。但將其計算用圖表示出來，如下圖所
示。

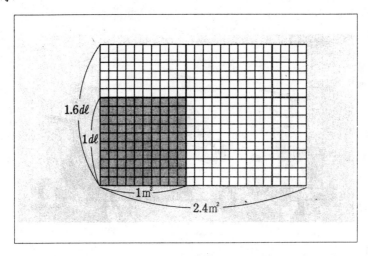

　　前頁的圖上。橫軸將2.4平方公尺予以24等分，縱軸將1.6公升予以16等分。因此全體圖的計算為24×16，形成384個小格子。

　　另外，格子的大小，橫為0.1，縱為0.1，依0.1×0.1表示為0.01。因此，所需要的肥料用量是384×0.01＝3.84，即3.84公升。

　　以上小數點的位置是求出 2 個數字的小數點以下的位數之合計，從右端朝左端移動位置打上小數點。

3 除算以後「餘數」變大的不可思議

　　除算可以除盡時真是令人愉快。然而，除算卻經常附帶著「餘數」。其中最容易弄錯的情形，便是小數的除算時「餘數」的處理了。

　　以下，討論小數的除法以及餘數的計算方法。

　　首先讓我們先複習一下無餘數的小數之除法。

$$12.48 \div 2.4$$

依下列的順序計算。

①將除數2.4予以10倍，去掉小數點。

②2.4是小數點以下1位，所以將成為答案的數值應打上小數點的位置從被除數12.48的小數點位置向右移一位。

◆小數點向右移◆

```
          5.2
    24 )12.48
       120
        48
        48
         0
```

24)12.48 ⟶

③然後再以整數÷整數時相同的方式接下去計算。

　　一般而言，小數的除法先配合除數小數點以下的位數 n 加以10^n倍做成整數。接著將被除數的小數點向右移 n 位。其後以一般整數相同的計算方式計算，即可求出

答案。

接下來再討論有餘數時的小數之除法。

如9.4÷2.6依照以下的順序計算。

①和前頁的除算相同，為去掉除數的小數點先乘10。

②將答案的數值應打上小數點的位置，比被除數的小數點更移向右邊1位。

③與整數÷整數相同的步驟計算。

如果此時停止除算，而得到16的餘數是錯誤的。

首先，乍看之下，即可了解餘數

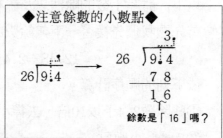

◆注意餘數的小數點◆

餘數是「16」嗎?

比被除數9.4大，顯然很奇怪。這個計算，是從9.4取掉3個2.6後的剩餘才是「餘數」，因此計算得出

$$9.4-(2.6\times3)=9.4-7.8=1.6$$

因此，最後以如下方式處理。

④被除數的小數點直接放下，將被除數的小數點與餘數的小數點的位置對齊。

這樣才能停止計算。

「$\frac{1}{2}$公尺」與「1公尺的$\frac{1}{2}$」 的$\frac{1}{2}$是同樣意義嗎？

　　分數是自小學時代便已熟悉的數。日常生活中也經常出現。另外，如「材料費約價格的$\frac{2}{5}$」、「政府的經濟政策可減稅達$\frac{1}{4}$」等等，在商場上也常見。

　　因為如此，認為「我當然了解分數」的人，相信不少。

　　但是，分數具有雙重性質，因此很容易弄錯。有時甚至會遭到「分數的欺騙」之情況。

　　例如，以下的問題請各位解答。

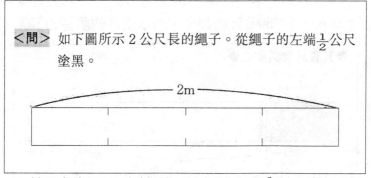

> ＜問＞ 如下圖所示 2 公尺長的繩子。從繩子的左端$\frac{1}{2}$公尺塗黑。
>
> 2m

　　結果如何呢？由於問題的敘述出現$\frac{1}{2}$的分數，所以一不小心塗成如下頁圖的人可能會出現。

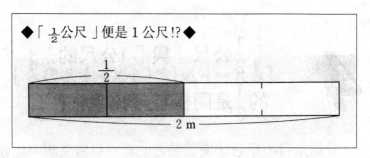

假定回答如上圖所示，就是被「分數欺騙」了，弄錯了分數的意思。

再仔細看一下問題的叙述。

「將 2 公尺的繩子的 $\frac{1}{2}$ 塗黑」和「塗黑 $\frac{1}{2}$ 公尺」，其意義不同。

請再看上圖，本圖是將 2 公尺的 $\frac{1}{2}$ 分塗黑，因此實際上塗黑 1 公尺。

可是問題的要求是塗黑「$\frac{1}{2}$ 公尺」，因此塗黑 $\frac{1}{2}$ 公尺 = 0.5 公尺 = 50 公分的長度，所以正確的解答如下圖。

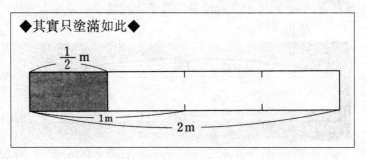

Column

分數與比率分數

　　其實分數可分成 2 種，其一是「 $\frac{1}{2}$ 公尺 」時的 $\frac{1}{2}$ ；另一個是「 1公尺的 $\frac{1}{2}$ 」時的 $\frac{1}{2}$ 。

　　在此場合兩者都是「 50公分 」，可是兩者的分數 $\frac{1}{2}$ 其意義不同，因此將前者稱爲「 量分數 」，後者稱爲「 比分數 」加以區別。

　　「 量分數 」是如帶子的長度或液量一般表示連續物體的量時所使用，例如，附上 $\frac{1}{2}$ 公尺， $\frac{1}{3}$ 公升等的單位所使用。

　　另一方面，「 比率分數 」是將分數當作 2 個整數的比率加以掌握，例如，有12個蘋果，其 $\frac{1}{2}$ 便是 6 個的方式使用。

　　分數有這 2 種，因此未充分加以了解極容易計算錯誤。

5　為什麼「$2 \div 3 = \dfrac{2}{3}$」？

「$2 \div 3$」是$\dfrac{2}{3}$——是理所當然。但是，小孩問「為什麼這樣呢？」，回答起來就不是那麼簡單了。

「$2 \div 3$無法除盡，所以變成分數。因此是$\dfrac{2}{3}$」這樣的回答是行不通的。或者「除算時，被除數是分子，除數是分母，所以$2 \div 3$變成$\dfrac{2}{3}$」雖然邏輯正確，但無法解釋本質。

應該如何思考才對呢？

$2 \div 3 = \dfrac{2}{3}$的除算，好像計算繩子的長度或蘋果汁的量一樣，要分開「持續連結的量」時所使用。

因此，我們以前面所提過的繩子為例。

$2 \div 3$即是將 2 公尺的繩子分成 3 等分時的 1 份的意思。因此，先將 2 公尺的繩子分成 1 公尺的 2 條繩子。

接著將 2 條繩子如右圖般排齊，而後縱分 3 等分。

依此方式塗黑的

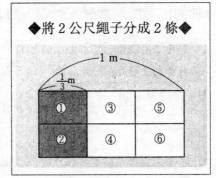

◆將 2 公尺繩子分成 2 條◆

部分成為 2 公尺的繩子分成 3 等分的 1 份。

接著，打開繩子恢復原狀，如下圖一般重新排列。

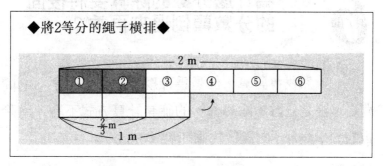

◆將2等分的繩子橫排◆

用以上的方式排列，那麼前頁圖斜線的部分，因①＋②成為 $\frac{1}{3}+\frac{1}{3}=\frac{2}{3}$。那麼將 2 公尺的繩子分成 3 等分之後，其中的一份為 $\frac{2}{3}$ 公尺，即 $2\div3=\frac{2}{3}$，意思就相當明白了。

再舉一例說明。

如下圖準備三明治用的厚吐司 2 片，3 人等分食用。那麼，每一個人所吃到的量為「2÷3」片。

接著，將 2 片吐司疊成右圖，用刀切成 3 等分。

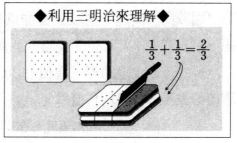

◆利用三明治來理解◆

$\frac{1}{3}+\frac{1}{3}=\frac{2}{3}$

那麼 1 人的份量是 $\frac{1}{3}$ 有 2 片，故為 $\frac{2}{3}$ 片。由於如此，$2\div3=\frac{2}{3}$ 便能說明清楚了。

為什麼分數的除算要將後面的分數顛倒過來再乘？

「雖然我會計算，但是為什麼要這樣算呢？」的問題之一便是分數的除算法。的確其計算方式不難，將除數的分母與分子對調後再乘即可。

$$\frac{1}{3} \div \frac{2}{5} = \frac{1}{3} \times \frac{5}{2}$$

但是，為什麼要這樣呢？

能清楚說明理由的人不多，據說世界聞名，日本數學學會的權威，某大學的 A 教授被問到此一問題時，也是結結巴巴回答不出來。

關於此一問題，應該正確加以掌握的是，除算的意思，除算意指求「單位平均量」的演算。

例如，一土地30坪，售價1560萬元，其土地一坪的單價即表示單位平均售價為何，

1560萬元÷30坪

除算之後，求出52萬元。

思考除算的意義之後，再看米製成米酒的例子。

假設某家大米酒製造商，製出米酒 1 升（ ＝$\frac{9}{5}$公

升）需用到$\frac{9}{20}$公斤的米。那麼，若想製出 1 公升的米酒，請問需用到多少公斤的米呢？此一問題可以使用小數的除法來計算，但在此以分數來計算。

　　求製出 1 公升米酒所需的米量之計算式如下：

　　（製出 1 升米酒的米量）÷（1 升米酒的量）接著可進行如下的除算。

$$\frac{9}{20}\text{公斤} \div \frac{9}{5}\text{公升}$$

　　在此將全部的米量$\frac{9}{20}$公斤如下圖，用實線內側的長方形全體表示，米酒的量$\frac{9}{5}$公升（＝1 升）畫成長方形橫線的長度。利用該圖，可以將製出 1 公升所需的米量，如下圖以塗黑的部分表示出來。

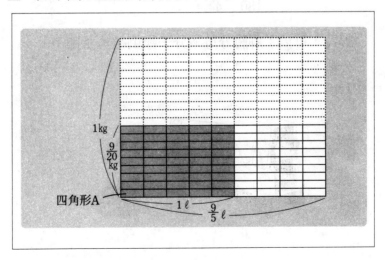

　　看前頁的圖上 1 公升的部分，可以了解四角形 A 縱列有 9 個，橫列有 5 個，合計 9 × 5 ＝45個。

　　另一方面，四角形 A 的縱列，為20等分的 1 個，橫列則 9 等分中的 1 個。因此，四角形 A 是

$$1 \times \frac{1}{20} \times \frac{1}{9}$$

表示⋯⋯⋯⋯⋯⋯⋯ $\frac{1}{180}$ 的量。

　　前頁圖上 1 公升的部分，$\frac{1}{180}$ 大的四角形 A 便有45個，因此求出其值約 $\frac{45}{180}$ 公升。

　　以上結果用計算式列出如下

$$\frac{9}{20} \div \frac{9}{5} = \frac{9}{20} \times \frac{5}{9} = 9 \times \frac{5}{20} \times \frac{1}{9}$$

$$= \frac{45}{180} = \frac{1}{4}$$

　　因此，可以了解將分母與分子顛倒後再乘即可。

有負 3 萬元的
存款嗎？

太郎：「爸爸，－ 3 這個數存在嗎？」

父親：「當然有。例如，溫度計就有零下 3 度的情
　　　形。」

太郎：「可是，爸爸，0 表示什麼都沒有的意思
　　　啊！」

父親：「對啊！現在我口袋裡沒有香煙，所以香煙
　　　是 0 個。」

太郎：「什麼都沒有是 0，但比 0 更小的負數，不
　　　是也什麼都沒有了嗎？」

父親：「嗯？……聽你這樣一說，從香煙數 0 真的
　　　無法再減了。」

　　看起來，這個父親的腦袋裡已經陷入混亂狀態了。
這可是最近的熱門話題（混亂）與 Khaos（混沌）狀
態。

　　如果以「什麼都沒有」的意思來掌握 0，那麼負數
就變成神祕數字了。這類的情形通常是因為使用的語言
所造成的混亂。

　　其實，0 這個數值包括以下幾種意義。

> ① 無，什麼都沒有，空空的0
> ② 以十進位等的進位的記數法與連結的0
> ③ 基準數的0

為處理正的數與負的數，0必須掌握為「表示某些物質的量或性質時所設立的基準點」才行。

以0為基準點才能表達正負兩種物質之間正反面的性質。

例如，定比基準0度高3度的氣溫為＋3度，那麼－3度表示比0度低3度的溫度。從基準的時點的3分鐘後設定為＋3分，那麼－3分表示在基準的時點之前3分的意思。

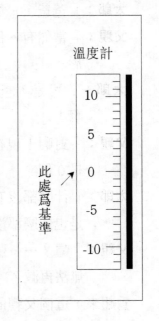

又如，從某地點向北前進3公里的位置為＋3公里，－3公里意指從某地點向南前進3公里的位置。

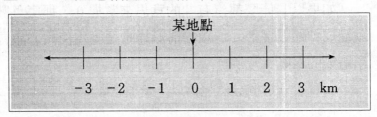

對努力向減肥挑戰的女性而言，增加 3 公斤是很可怕的事情。

可是，不知不覺胖了 3 公斤時，若使用負數記號表示，看成「－3 公斤的減肥量」，緊張的情緒可望略微放鬆。

至於，「－3 萬元的存款」應該如何解釋呢？

將存款視為正數，那麼其相反的負數則為借款，各自擁有相反的性質。因此，將「－3 萬元的存款」表示相反的意思便是「借款 3 萬元」。總之，負的存款就是借款。

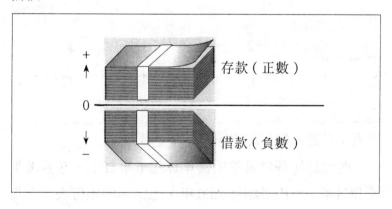

為什麼西元2000年
不是21世紀

有部電影稱為「2001年宇宙之旅」，於1968年製作，當時與2001年，即21世紀仍有一段距離。

21世紀從2001年開始，但為什麼不是從2000年開始呢？利用之前使用過的數直線

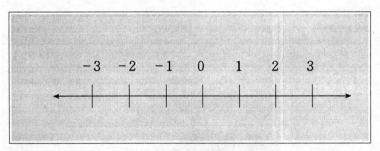

可表示其數。但仔細回顧一下歷史看看。

西元是從基督誕生的當年算起（事實上，基督誕生於BC4年）。出發點為AD1年，比此早的年份表示「基督出生之前，Before Christ」，稱為BC1年、BC2年等。

也就是說「0年」本身不成為歷史，因此第1世紀是「1～100年」、第2世紀是「101～200年」……那麼第21世紀是「2001年～2100年」。這和數直線有所差距。

◆時間是以連續量表示，沒有意識到 0 ◆

	−300	−200	−100	100	200	300	400	500			
	BC3	BC2	BC1	AD1	AD2	AD3	AD4	AD5			

◆月日的表達方式也相同◆

①月

	1	2	3	4	5	
	元日	2日	3日	4日	5日	

	1	2	3	4	5	
	1月	2月	3月	4月	5月	

為什麼「負×負」變成正呢？

「雖然知道結果，但就是無法清楚了解」，這在數學世界裡很常見。例如，「負×負＝正」就是典型的例子。

為了回答這樣的疑惑，於是舉例說「敵人的敵人就是朋友」、「反對的反對就是贊成」、「背面的背面就是正面」，質問者通常反應「哦！原來如此。」

可是經過一段時間之後，「你說的對，但似乎不太真實?!」疑問聲又出來了。

關於這個問題應該如何思考呢？

為了掌握其意義，需要具體的例子做說明。

再以「存款與借款」為例。因為「存款與借款」具有正反面的性質，可以藉此了解「正與負」的性質。

現以「＋」表示存款，「－」表示借款。

假定1口3萬元的存款，4口共存多少？那麼，合計金額是

$$（＋3）×（＋4）＝＋12$$

即共存12萬元。

接下來1口3萬元的借款，4口的借款一共多少？

即－ 3 萬元有 4 口

$$(- 3) \times (+ 4) = - 12$$

即有12萬元的負債。

接下來，「負×負」要登場了。

假設 1 口 3 萬元的借款，還了 4 口。即

$$(- 3) \times (- 4)$$

的計算式完成。歸還的金額可使借款「消失」，結果，求得12萬元

$$(- 3) \times (- 4) = + 12$$

因此可解釋負×負＝正

可是似懂非懂的人仍舊很多，以下再舉一例說明之。

現以台北橋爲基準，向東走以正表示，而以負表示向西走。

假定 A 先生經由台北橋以時速 3 公里的速度向東走。通過台北橋 4 小時之後 A 先生的位置是

$$(+ 3) \times (+ 4) = + 12公里$$

即朝東12公里處。

那麼，朝東走的 A 先生通過台北橋的「 4 小時前」，即－ 4 小時後在那裡呢？

$$(+ 3) \times (- 4) = - 12公里$$

表示在西方12公里處。

接著我們來看以同樣速度朝西走的 A 先生。因爲前

進方向相反，時速可用－3公里表示。

　　A 先生通過台北橋時的 4 小時之前，即－4 小時後的位置是

$$(-3) \times (-4)$$

　　因此，表示 A 先生從台北橋朝東12公里位置的意思。

$$(-3) \times (-4) = +12$$

　　總之，負×負＝正。

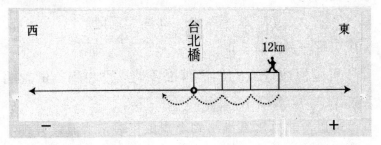

10 較難理解的「比例」意義

　　「比例」或「％」在日常生活或商場上經常用到。新聞的財經版幾乎每天都有報導。

　　以下是1998年5月14日新聞報導的一部分。

　　「東京地區的公寓出售戶數跌落至前年 4 月實績85.9％的4116戶，契約率也減少3.7％剩下69.3％。庫存數雖比 3 月少了280戶，可是與前年同月相比，仍舊增加 2 成左右。」

契約率 7 割切る

4月
マンション

　　不動産経済研究所が十三日まとめた四月の首都圏（一都三県）のマンション発売戸数は前年同月実績に比べて一四・一％減の四千百十六戸に落ち込み、契約率も同三・七ポイント減の六九・三％にとどまった。発売戸数は四カ月連続で前年を下回り、契約率は一月以来三カ月ぶりに好不調の分岐点とされる七割を割り込んだ。在庫は前月並みの約九千七

　　百戸と、高水準のままだ。

　　四月は、在庫処分を優先したため、藤和不動産や野村不動産など大手が新規供給をゼロにしたほか、売り出しを大幅に絞り込んだところが相次いだ。このため、販売戸数は二年前の約半分の水準で、前月比では、三二・八％も減った。在庫は三月よりも約二百八十戸減ったものの、前年同月比では、一割増えている。

這段報導，簡直就是「比例」或「％」的排列。

比例是什麼樣的數值呢？或者如何才能更清楚了解比例呢？

「比例」或「％」是比例的單位，意指將 2 個數量相比較，一方是他方的幾倍的意思。更詳細的說法，比例是「～的幾倍是……」「……是～的幾倍」中的「幾倍」的意思。

前頁的新聞報導中的公寓出售戶數，其中將85.9％改寫成小數0.859。

「前年 4 月出售戶數的0.859倍是，1998年 4 月的出售戶數4116戶」

所以，「～」爲「原來的量」，「幾倍」稱爲「比例」、「……」爲「比較的量」

「原來的量」×「比例」＝「比較的量」

的計算式成立。

以公寓出售戶數爲例，

原來的量………………前年 4 月出售戶數
比例……………………85・9％
比較的量………………出售戶數4116戶

而成爲

（前年 4 月出售戶數）×0.859＝4116

依據本式，計算前年 4 月出售戶數爲

　　　　4116÷0.859

答案為4792戶。

　　接下來，求算
「定價12000元的毛衣
打 8 折出售」時的售
價。這裡不考慮消費
稅。

　　這裡，「原來的
量」是12000元，「比例」是0.8倍。「比較的量」是

　　　　12000×0.8＝9600元

　　比例是

　　「原來的量」×「比例」＝「比較的量」

以此乘法計算較易了解。

11 量角器的刻度為何是從 0 度到180度？

數字通常是採用十進法，可是「時間」或「角度」則多半使用六十進法。

六十進法，表示集60成為一組而進位，新進 1 的記數法，「角度」也和「時間」一樣

60秒 = 1 分、 60分 = 1 度

規定相同。

為了表示斜坡的度數，使用此一記數法，例如，表示「滑雪場的練習坡道傾斜角為12度」或「這楷梯的傾斜角為23度」時使用。

或者，「請轉90度方向」等，也表示回轉的角度。

另外，表示地球上的緯度或經度等的方位也使用此記數法。如

東經43度28分30秒　　　等表示

至於一般測量角度時，利用文具店販售的量角器測量即可，角度的數值從 0 度到180度，以六十進法做刻度（按照 0 ～180之順序刻度，易誤以為是10進法，但整個圓為360度 = 60進法，半圓為180度）。

那麼，量角器的刻度為何是六十進法呢？

利用六十進法的表記方式起源很早，據稱由紀元前2000年左右，巴比倫王朝的學者所研究出來的。

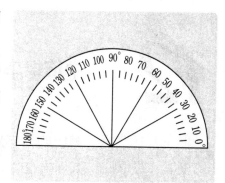

然而產生六十進法的理由至今不明。

但有如下幾種假設。

◎「60的因數很多較易處理，是適合使用的數值。」

◎「可以結合十進法與十二進法，採用10與12的最小公倍數60，因而產生六十進法。」

◎「１年的天數爲365天，將尾數去掉變成360天，考慮１回轉以360測定的方法。」

◎「由於圓的1/6的弦爲半徑，所以將360六等分，結果產生六十進法。」

除了以上諸說之外，還有其他的說法，但均非決定性的說法。

但不管如何，一回轉即回到原來的位置，與一晝夜即回到原來的時間相同的現象，因此，也有人認爲因爲如此才產生六十進法。

12 中籤機率的不可思議

現在有10支籤，其中的 3 支是中獎籤。從籤筒中抽中的機率，為每抽一次有 $\frac{3}{10}$ 的機率。

可是，抽籤時有「中或者不中」情況，因此也可認為機率是 $\frac{1}{2}$。

到底中籤的機率應該如何思考呢？

首先，在10支可中 3 支的籤筒裡抽出 1 支，看看有沒有中；接下來，把抽出的籤放回去，再抽出 1 支，看看有沒有中。

這樣進行多次之後，以抽中的次數÷抽的次數，求得其值。該值稱為「相對數」，但是如果增加抽籤的次數，相對數將逐漸接近一定的值。

這個「相對數接近的值」，便是機率的其中一種意義。

另一種稱為「數學的機率」。例如，抽籤時10支可中 3 支，那麼抽出 1 支的中獎機率 $\frac{3}{10}$，用分數表示。

實際上進行多次抽籤之後，可以發現「相對數」逐漸接近「數學的機率」。

接著，再以數學的機率當作焦點做更詳細的探討。

　　首先將抽出 1 支的中獎機率的數量化，置換成濃度的數量化。

　　因此，如下圖，將10支籤置換成裝入茶杯裡的 1 公升水與 1 公升的油。在此將中獎的籤視為 1 公升的油，不中獎的籤視為 1 公升的水。

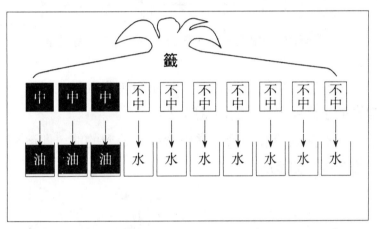

　　接下來想像將油與水全部裝入一個容器內，如下圖用棒子攪拌。油雖不溶於水，可是由於相互混合，油粒可擴大至溶液全部。

　　接下來將油與水混合的溶液再分別倒入10個玻璃杯內。

　　然後，將油所擴散的溶液放置一段時間。

◆油與水混合◆

攪拌

最後如下圖所示，油與水分離，水在上面，油沉在下層。

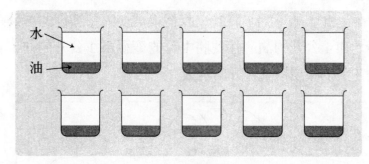

至於想要將每 1 個玻璃杯的油的濃度數量化，調查混合於 1 公升溶液內的油量即可。

油的擴散溶液10公升當中含有 3 公升的油，即溶液1 公升中，油量為

$$3 \div 10 = \frac{3}{10}$$

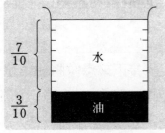

以圖表示，如右圖所示。

至於濃度也可以排順序或者進行比較。

接下來，將此濃度數量化，又轉回到「每 1 支籤的中獎機率」為思考問題。

裝油的玻璃杯愈多，溶液中的濃度愈濃，即中籤的籤子愈多，每 1 支籤的抽中機率愈大。

如此，將抽 1 支籤時的抽中機率置換成濃度問題，去思考機率$\frac{3}{10}$的意思，便能更明確化。

②

孩子發問
也答得出來的
各種疑問

1 「8名男孩子」能減 「5名女孩子」嗎？

　　小學一年級的大明一面吃晚餐，一面向父母詢問今天在學校裡學到的數學問題。

小明：「今天的數學課很有趣！」

父親：「嗯！今天教什麼呢？」

小明：「減法。」

母親：「是不是出現有趣的問題？」

小明：「老師問，男孩 8 人、女孩 5 人，那一邊多，多幾人？」

父親：「這很簡單啊！」

母親：「你怎麼算呢？」

小明：「『8－5』，男孩比女孩多 3 個人。」

母親：「這樣就對了。答案正確。」

小明：「可是隔壁的大雄卻大聲說，男孩不能減掉女孩。」

父親：「…………」

母親：「其實他這樣想也沒有錯，這裡有 8 個餃子和 5 個炸肉餅，可是不能『餃子－炸肉餅』啊！」

父親：「說的是，『8 片紅蘿蔔不能減 5 片生魚片』。」

母親：「可是，可以全部吃掉。」

父親：「那麼，接下來怎樣呢？」

小明：「只有大雄覺得奇怪而已，其他人都很安靜，老師很困擾。」

母親：「大雄很有腦筋哦！」

小明：「敎室內一下子很安靜沒有人說話，可是前面的久美提出一個好辦法。」

父親：「嗯！什麼辦法？」

小明：「久美告訴老師，實際試試看就好了。」

父親：「嗯，怎麼樣呢？」

小明：「老師也說好啊！試試看就知道了。」

父親：「說的也是，老師可以實際上讓男孩 8 人，女孩 5 人出列。」

小明：「嗯，那時候老師很高興！」

父親：「可以想像老師得到解危的表情。」

小明：「我也站出去，老師說男生與女生牽手看看。」

父親：「哦！男孩 8 人，女孩 5 人，一個個手牽手，剩下 3 個男孩沒有手可牽。爲了算出答案用減法就可以了，即 8 － 5 ＝ 3」

小明：「因爲牽手之後，剩下3個男生，大雄也就明白了。」

關於減法的親子對談，多少有一些問題存在。

　　　　※　　　　　※　　　　　※

其實減法有 2 種意思。一是求「剩下多少？」例如，「 8 個水餃，吃掉 5 個剩下多少個？」用（ 8 － 5 ）計算。

另一種是「求差值」，例如，「餃子 8 個，炸肉餅 5 個兩者差多少？」用（ 8 － 5 ）計算。 在這裡將餃子與炸肉餅視為相同性質來計算。

減法有這兩種意義，需留意各自的意義才不會搞混了。

6÷0是6？或0？
還是無限？

小明與父親再次出場做說明。

小明：「爸爸，6÷3＝2對嗎？」

父親：「對啊！例如將6個蘋果分給3個人，每一個人
　　　分到6÷3＝2，2個蘋果。」

小明：「那麼，爸爸，6÷0變成多少？」

父親：「這個問題是將6個蘋果分給0個人，即不分給
　　　別人，6個通通留下來，結果6÷0＝6」

小明：「哦，是嗎？6個蘋果全部留下來。」

父親：「因為沒有人吃。」

小明：「那麼，爸爸，蘋果不是不久之後壞掉了
　　　嗎？！」

父親：「…………」

小明：「所以，我覺得6÷0＝0才對！」

父親：「等一下。父親用計算機計算6÷0。按鍵、按
　　　數字。」

小明：「怎樣？」

父親：「咦！顯示窗出現E（錯誤）的符號出來。」

　　　父親這時很困惱。

到底 6 ÷ 0 應該是多少呢？要怎樣對小孩解說呢？

其實，在數學的世界裡禁止用 0 除，所以 6 ÷ 0 的答，電子計算機的顯示窗以「 E 」來表示。

為什麼呢？

6 ÷ 3 = 2 的除算，在其背後存在著 2 × 3 = 6 的乘算。

如果，6 ÷ 0 = 6，那麼

$$6 ÷ 0 = 6 \rightarrow \frac{6}{0} = 6 \rightarrow 6 × 0 = 6$$

根據這一計算式，必須成立 6 × 0 = 6 的乘算才行。但是 0 × 任何數都等於 0，因此這一計算式根本不可能成立。如果成立了，則乘法世界勢必大混亂。

而根據，6 ÷ 0 = 0，則必須

$$\frac{6}{0} = 0 \rightarrow 0 × 0 = 6$$

在這一計算式裡 0 × 0 = 6。同樣的理由，這個式子根本不成立。

即「因為 0 乘以任何數都等於 0 」才是不能以 0 當除數的理由。

常見 $\dfrac{x^2 + 3x - 2}{x - 1} = 5$ 時

$$x^2 + 3x - 2 = 5 (x - 1) \langle 但 x \neq 1 \rangle$$

的記載，其理由在此。

3

只經過 5 分鐘，
為何說「時速80公里」？
——時速的 2 種意義

這次讓小學 6 年級的小君與父親上場。

暑假的某一天，小君和父親坐巴士到鄉下奶奶家玩。小君坐在司機先生的後方，目不轉睛地看著速度表。

小君：「爸爸，你看，現在巴士以時速40公里前進耶！」

父親：「對啊！速度表上指針正指向40。」

小君：「啊！爸爸，時速在變耶！」

父親：「當然，現在巴士正在上坡，速度多少會變慢。」

小君：「但是，爸爸，時速40公里，表示一小時前進40公里。」

父親：「對啊！怎麼樣？」

小君：「可是為什麼只經過 5 分鐘，時速就變了呢？」

父親：「…………」

小君：「爸爸，時速是什麼？」

父親：「你在學校學的啊！距離÷時間的式子。」

小君：「是啊！用"速、時、距"的公式計算。」

父親：「什麼啦！什麼"速時距"啦！我聽成別的了啦！」

小君：「一點也不奇怪。"速、時、距"的公式在補習班很常用，在速度或距離的問題出現時，用這個公式解答就可以了」

父親：「你將"速時距"告訴我吧！」

小君：「"速、時、距"，

"速"…………"速度"

"時"……………"時間"

"距"…………"距離"

表示速×時＝距。

"速度×時間＝距離"較容易記住」

父親：「這方法很好，爸爸又更聰明了。」

小君：「我們再回到巴士的時速吧！依據"速時距"的公式，『時速＝距離÷時間』計算我知道。可是爸爸，公式的意思是不是要計算 1 小時中所前進的距離呢？」

父親：「是沒錯。」

小君：「可是爸爸，為什麼才經過 5 分鐘，就要提出時速多少令我不了解。」

　　為了回答小君的問題，父親應該如何回答才好？眞是棘手啊！

　　假設 A 地與 B 地距離240公里，由 A 地朝 B 地開車出發，需要花費 6 小時，那麼汽車的時速依距離÷時間的公式。

$$240 \div 6 = 40$$

可求得時速40公里的答案。

　　在此一問題中，汽車以保持相同的速度前進爲前提條件，在這個公式裡，是假設行進的交通工具速度維持一定未變。

　　因此，要回答小君的疑問，可這麼回答：

　　「小君所看見的速度值是時速40公里。表示在此狀態之下巴士繼續前進，巴士爲 1 小時前進40公里」。

最小公倍數與最大公因數哪一種大

——不要被名稱迷惑

各位還記得最大公因數與最小公倍數的名稱嗎？

「 8 與12的最小公倍數……24， 最大公因數……4 」是不是令人不可思議呢？" 最小 "是24，" 最大 "卻是4 ……。為什麼「 最小比最大大呢？ 」

最小公倍數與最大公因數的計算平時較少使用，因此當小孩發問時相信有很多人也是搞不清楚。

對於這個問題，只要了解公倍數與公因數的意義即可，回答時絕對不會迷惑。

現在趁這個機會，看看最小公倍數與最大公因數的求法。相當簡單。

8 的倍數是，

8, 16, **24**, 32, **40**, 48, 56, 64, **72**, ………

12的倍數是

12, **24**, 36, **48**, 60, **72**, 84, 96, 108, ………

看看這些數字，24，48，72是兩者共同的倍數。這些數值便是8與12的「 公倍數 」。

一般而言， 2 個以上的正整數，其一切共通的倍數

就稱為「公倍數」。公倍數當中的最小的數則稱為「最小公倍數」。以前面的例子而言，最小公倍數是24。

　　另一方面，8的因數是

　　　　　　　1, **2**, **4**, 8　　　　　　　4種

　　12的因數是

　　　　　　　1, **2**, 3, **4**, 6, 12　　　　　6種

　　以上這些數字中，1、2、4是兩者共同的因數。這些數字便是8與12的「公因數」。

　　公因數中最大的數值即稱為「最大公因數」，在這個例子裡，是4。

　　實際求算最小公倍數與最大公因數時，利用將各數分解成「質數」的方法。

　　以前面的例子而言，如下。

$$8 = 2 \times 2 \times 2 \cdots\cdots\cdots$$　2　2　2

$$12 = 2 \times 2 \times 3 \cdots\cdots\cdots$$　2　2　　　3

　　　　　　　　　　　　　↓　↓　↓　↓

最小公倍數$\cdots\cdots\cdots$　$2 \times$　$2 \times$　$2 \times$　3　$= 24$

$$8 = 2 \times 2 \times 2 \cdots\cdots\cdots\cdots \quad | \quad 2 \quad | \quad 2 \quad | \quad 2 \quad |$$
$$12 = 2 \times 2 \times 3 \cdots\cdots\cdots\cdots \quad | \quad 2 \quad | \quad 2 \quad | \qquad | \quad 3 \quad |$$
$$\downarrow \qquad \downarrow$$
$$最大公因數 \cdots\cdots\cdots\cdots \quad 2 \times \quad 2 \qquad\qquad = 4$$

在這個例子裡，首先利用除法分解出各數的質數後寫出。數字相同者上下排齊；不同的則移下位寫出來。

求算最小公倍數時，如「↓（箭頭）」般將各數降下來後進行乘法。至於最大公因數是取出 2 個數共同的質數出來後，進行乘法即可求出。

了解最小公倍數與最大公因數的求出方法之後，就可以馬上回答小孩的問題了。

另外，公倍數是最小公倍數的倍數；公因數是最大公因數的因數。

5 畢氏定理 是畢達哥拉斯想出來的嗎？

各位還記得「直角三角形定理」嗎？複習一下這個定理，直角三角形的 3 邊長個別是 a、b、c 時，

$$a^2 + b^2 = c^2$$

定理成立。

這個定理將 3 邊的長以平方的方式表示其關係，稱為直角三角形定理。

直角三角形定理又稱為「畢氏定理」。

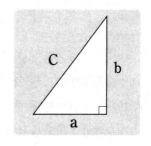

畢達哥拉斯是古代希臘的數學家，既然定名稱為「畢氏定理」，是否表示他是第一個發明定理的人呢？

其他不是他發明的。

大約在4000年前，古代埃及有稱為技量師的人。

他們知道若將 3 邊的長做成 3 ： 4 ： 5，那麼便可做出直角三角形。

技量師是現代所稱的建築師、測量師，透過工作了解了直角三角形的定理，並利用該項知識建造神殿，或者測量工作。

另外，他們也了解

$$3^2 + 4^2 = 5^2$$

$$5^2 + 12^2 = 13^2$$

等公式的成立。

直角三角形，邊的長度的關係，在古代印度與古代中國也很聞名，印度文獻中早已記載著 8：15：17或 12：35：37的比例。

那麼，到底畢達哥拉斯做了什麼？原來「第一個證明直角三角形定理的人」便是畢達哥拉斯。

古希臘時代被要求一切的事情皆必須理論化，正確地說明，而產生稱為「證明」的想法。

在當時，畢氏因為證明了直角三角形定理，一躍成為數學史上的一顆星。

我們談談畢氏這個人，據稱他在西元前500年左右出生於希臘的沙摩斯島。雖然著名，但大部分的事蹟卻如謎一般的人物。反過來說，由於像謎一般，所以反而能這麼長久地維持著寶座。

他是如何發現直角三角形定理的證明呢？至今也是個謎。但有以下的傳說。

畢氏在埃及留學時到了某一寺院，在該寺院的地板上看到下頁的圖形。

看到這個圖形時的畢氏，「夾著直角的 2 邊上的正

方形的邊數，和斜邊上的正方形的邊數相同」。

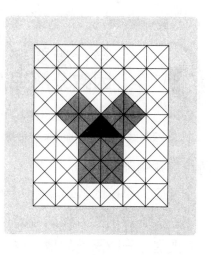

然後，他的腦袋裡突然浮現了直角三角形定理的證明。不管如何，據稱，他便是在這個圖形上想到直角三角形定理的證明。

經畢氏證明過的直角三角形定理，最初發明的人，在什麼地方發明？這些至今不解。

為什麼要學
因數分解呢？

　　「爲什麼要學因數分解呢？」聽到小孩這麼問，一時也眞難明確回答。

　　考慮到學校的數學課程，因此回答

　　「了解特別的方程式較方便」，更高明一點的回答是「要進行分數函數的積分時，將分數式分解成部分分數的意思。」

　　通常有以上的說明方式，但雖說如此，因數分解似乎不那麼需要。

　　因此，可以向小孩回答說：「就像猜謎一樣啊！很有趣哦！」也可以。假設

$$A = x + 2 \qquad B = x + 3$$

那麼，A×B是

$$A \times B = (x + 2)(x + 3) = x^2 + 5x + 6$$

可以如此展開計算。而與展開相反的計算

$$x^2 + 5x + 6 = (x + 2)(x + 3)$$

即因數分解。

　　在此，將 x^2、x、1各設定爲

$$x^2 = x \times x , \qquad x = 1 \times x , \qquad 1 = 1 \times 1$$

再如下面的圖般以正方形和長方形的面積表示。如此可依據文字來了解其大小。另外以「磁磚」稱這些正方形以及長方形。

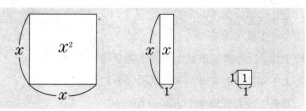

以磁磚為例，來表示展開與因數分解，如下。

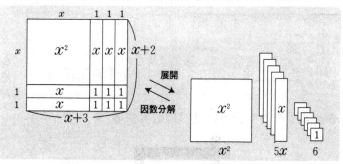

接下來我們將 x^2、x、1的磁磚表示成下面的左圖，以及下面的右圖如黑紙般的 L 字型量尺 2 支。

〈將 x^2、x、1的磁磚並列表〉　　　〈L 字型量尺〉

準備好之後，再來探討

$$x^2 + 4x + 3$$

的因數分解。

首先，將 L 字型量尺 2 支放在表上互相結合成長方形。然後移動量尺設法在長方形內剛好圍住 x 的磁磚 4 個，1 的磁磚 3 個（如下圖示範）。

因此，就可以做因數分解！！

將長方形的橫與直表示 1 次式出來。

$$(x + 3)(x + 1)$$

即求出答案。

利用這個方法，再去多做些因數分解試試看。

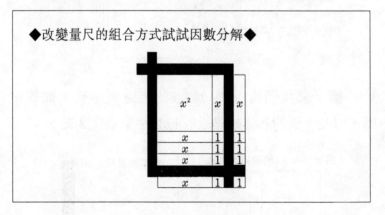

◆改變量尺的組合方式試試因數分解◆

無理數是
牽強想出來的數嗎？

$\sqrt{2}$，$\sqrt{3}$，$\sqrt{5}$，……等的數被稱爲無理數。這些數在一般的量尺上沒有表示其刻度，所以是沒有表現出來的數。而且無理數的名字聽起來就好像很難的樣子，所以有疑問的小孩很多。

因此，如果中學生的孩子問

「根號10眞的存在嗎？」

聽到之後該如何回答呢？

對於$\sqrt{10}$是否存在覺得存疑的小孩，首先須用圖將$\sqrt{10}$表示出來，亦即用眼睛去證實。

$\sqrt{10}$表示正數加以平方成爲10的數。若 x 表示正數，則 $x^2 = 10$的式子，相當於 x 表示爲$\sqrt{10}$，唸作「根號10」。

現在，如下頁的上圖，面積10平方公分的正方形。

假設正方形的一邊長爲 x

$$x^2 = 10$$

x 是長度，必爲正數，故

$$x = \sqrt{10}$$

即 $\sqrt{10}$此一數如下圖一般，當作面積爲10平方公分

的正方形的一邊的長。

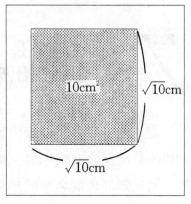

$10cm^2$ $\sqrt{10}cm$

$\sqrt{10}cm$

如此便能確認根號10的確存在。

可是，實際上無法做出來。

「假設有10平方公分的正方形……」成立，可是又不是簡單就可以做出來。

若要將$\sqrt{10}$實際做出來，可以利用直角三角形定理。

此定理在前面已叙述過，直角三角形的 3 邊的長各為a、b、c時，

$$a^2 + b^2 = c^2$$

定理成立。c是斜邊的長度。

因此，依據直角三角形定理，將夾住直角的二個等邊長設為 1，斜邊長設為 x

$$x^2 = 1^2 + 1^2, \ x > 0$$

因此

$$x = \sqrt{2}$$

（請參照右圖）

接著使用三角板畫出下圖

$\sqrt{3}$，$\sqrt{5}$，$\sqrt{6}$，……

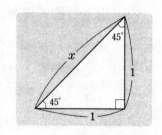

逐一做出無理數。

　　照這樣的畫法，便可以實際畫出 $\sqrt{10}$。

　　在小孩面前畫出這樣的圖來吧！做父親的可以贏得許多敬佩。

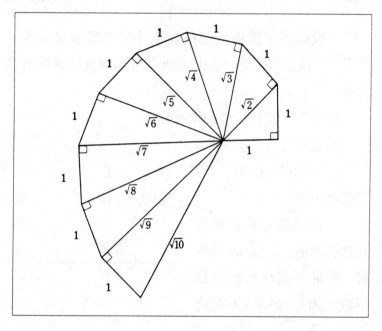

平方之後就變成「頁數」嗎？

——方便的虛數世界

一般而言，數學是較枯燥無味。可是數學中也有
"愛"，或是"i"啦，由於如此也能夠展開溫馨的寬廣
世界。

那麼"i"是什麼樣的世界呢？

現在，以二次方程式

$$x^2 + 1 = 0$$

來探討。

這個二次方程式並沒
有實數的解。假設 x 是實
數，無論正或負，x^2 必爲
正數，因此 $x^2 + 1$ 不可比
1 小。因此，x 爲0，則
x^2爲 0 。

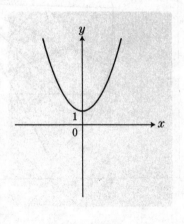

因此，二次方程式 $x^2 + 1 = 0$，並沒有實數的解。

所以，$x^2 + 1 = 0$，不能解嗎？

從某一角度看是行得通的，但從「實數的世界」來
看，則二次方程式的確無解（不僅數學世界如此，現實
世界上也是不了解就不會吃虧）。

　　由於如此，令人感覺喪氣，但不能如此就放棄。在數學的場合裡，不要以為不行就放棄，可以重新展開、重新思考。

　　無法以「實數的世界解答」，那就想出新的數。因為 $x^2+1=0$ 即像前頁的圖一般可描述出來，所以必定有解決的方式，即將數的範圍加以擴大，在新的範圍內想出2次方程式的解答方式即可。

　　那麼將變成怎樣呢？

　　二次方程式 $x^2+1=0$　　　$x^2=-1$　　　此處我們重新思考加以平方即成 -1 的數出來。這個數相當不可思議，但到底什麼數不得而知。先用 i 來表示。

$$i^2=-1$$

將新的數設為 i。

　　新數是 imaginary 的第 1 個字母，被稱為「虛數單位」，根據其命名，可以想像連數學家都陷入苦惱的經驗。

　　關於 i 的計算

$$(2i)^2=2^2\times i^2=4\times(-1)=-4$$
$$(-3i)^2=(-3)^2\times i^2=9\times(-1)=-9$$

總之，設定「$i^2=-1$」，之後再以普通的數進行計算即可。因此，例如

$$(\sqrt{2}\ i)^2=(\sqrt{2})^2\times i^2=2\times(-1)=-2$$
$$(-\sqrt{2}\ i)^2=(-\sqrt{2})^2\times i^2=2\times(-1)=-2$$

根據這個計算 $\sqrt{2}$ i 與 $-\sqrt{2}$ i 都是二次方程式

$$x^2 = -2$$

的解答。

表示新的數 i 可以解 $x^2 + 2 = 0$ 的式子。

現已知二次方程式

$$x^2 = -2$$

的解為 $\sqrt{2}$ i 與 $-\sqrt{2}$ i，此形式可寫成

$$x = \pm \sqrt{2}\ i$$

只要設定 $\sqrt{2} = \sqrt{2}$ i，就立刻可以求出 x 的值，其形式就是：

$$x = \pm \sqrt{-2} = \pm \sqrt{2}\ i$$

有 i 的存在，一切的二次方程式都能順利解答，使方程式的世界更擴大。

如何標示
虛數的世界

在前項我們重新思考平方之後成為 - 1 的數，並以文字 i 代表該數。

$$i^2 = -1$$

如此的一個新的數 i 被思考。

i 是什麼呢？可以在哪裡遇到 i 呢？讓我們來探討 i 吧！

在實數的世界裡，只需一條直線就可以用圖表示出來。此一直線稱為數直線，運用如下圖的數直線，任何實數都可以在線上做出刻度。

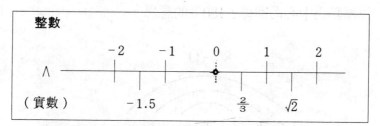

不僅整數，連分數、小數、無理數等也都存在於數直線上。連 $\sqrt{2}$ 等都可以如圖一般使用圓規和尺簡單求出。可是虛數 i 是無法在數線上畫出刻度的。因為數

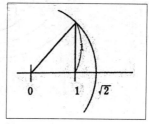

直線僅使用於實數的世界。

接下來我們想一想改變在數直線上數的符號，例如：

$$+1 \longrightarrow -1$$
$$+2 \longrightarrow -2$$
$$+3 \longrightarrow -3$$

這些數字都表示乘以－1的意思，算式如下：

$$+1 \times (-1) = -1$$
$$+2 \times (-1) = -2$$
$$+3 \times (-1) = -3$$

如此，

$$(某數) \times (-1)$$

就表示改變了某數的符號，用數直線來想就如下圖一般，以原點為中心而回轉了180度的意思。

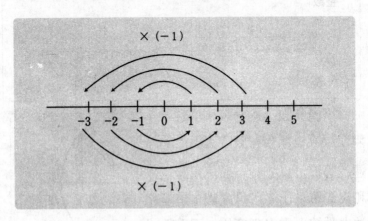

然而，

　　　（某數）×（－1）

即

　　　（某數）×i²

亦即

　　　（某數）×i ×i

的意思。

　　但是，連乘２次ｉ表示在數直線上回轉180度，則乘１次ｉ便可解釋爲只回轉90度。即ｉ是存在於回轉90度的數直線的軸上。如下圖以ｉ爲單位畫出刻度的軸稱爲「虛數軸」。

　　數學是遇到困難時會採用新的表現方式，即開發時一旦遇上困難，會要求新的解決方式，而將無法解決的難題接到手邊來解決的科學。這些有趣的片段應該傳給下一代。

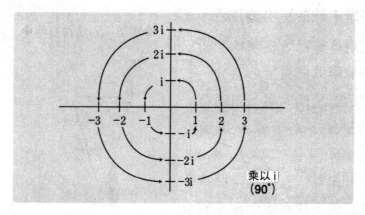

10 向量表示什麼？

　　有個高中生說「解決向量如同解決欠分」。所謂欠分是考試成績不佳的分數。因為不懂他的意思，再問他時卻回答「適當不要碰到就好了」，好了，閒話休提。

　　可是被讀高中的小孩問到

　　「何謂向量？」

　　應該如何回答呢？

　　向量是用數的組合所表示的量，為了說明其量，必須舉出實際的例子來。

　　例如，觀看職棒比賽時，打者擊出又高又遠的球，剛好落在左邊邊線，此時的風向讓人十分擔心。同時看高爾夫球的現場轉播時，出現專業打者在擊球之前測量風向與強度的畫面，表示風是個問題，如同草的生長方向一樣都須留意。

　　風勢太強的話，棒球或高爾夫球在空中會受到

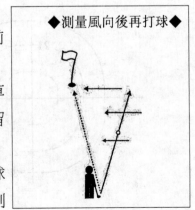

◆測量風向後再打球◆

影響而轉向。表示球同時受到風的 " 大小 " 與 " 方向 " 二種量的影響。

在河裡划船也相同，如果想快速划向對岸，必須稍微朝逆流方向划。

長度或者面積、重量等的量，可以按照單位所測得的結果以一個實數表示其大小。然而風的影響卻同時具有「風力、風向」的兩種資訊，因此不能只用一個實數表示。而是需要以「風力、風向」的「數組」來表示。

在這個例子裡，用數組所表示的量稱為「向量」。

天氣圖便是充滿著向量的資訊。在天氣圖裡零零落落地記載著表示風力、風向二種量的記號。

另外，為了表示海潮，向量也派上了用場。潮流也是由「速度、方向」兩種量所組成。

然而，如果我說選美比賽也與向量有關，相信大家會很驚訝吧？！

選美比賽時常有「今年的優勝者 A 小姐，胸圍38，腰圍24，臀圍35身材相當好的女性」之類的介紹。

其中胸圍、腰圍、臀圍的量「各自獨立」，如果將三個全部加起來「A 小姐是合計97」，完全沒有任何意義了。

像這樣各自獨立的量，通常不會互加而讓其區別地表現。在數學上，像胸圍、腰圍、臀圍等獨立的量，便是以（38，24，35）之數組加以表示。

這麼說來，現實世界中充滿著向量，所以可以有各種具體的例子來說明向量。

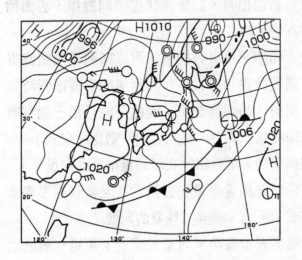

11 15,517 為何以三位數來區隔？

到商店買15,000元的商品，如需外加營業稅 5 %，需付「 15,750元 」。以三位數畫下逗號來表示。然而，若附上萬與億等的單位時，就不是以「 1 萬5,750元 」的方式表示了，而是去掉逗號寫成「 1 萬5750元 」的方式較多。

這到底是怎麼一回事呢？

日本使用「 萬、億、兆…… 」等的單位，因此在讀出數值時，常以 4 位做區隔讀出。稱為「 4 位區分 」讀法。

例如，光的秒速是

300000000m

以「 4 位區分 」表示，加入逗號則為：

3,0000,0000m

　　　億　　萬

可讀成光的秒速是 3 億公尺。

因此每種單位都有其位數的定義，我們試舉一些公制單位：

單　　　　　　位		
長　度	重　量	容　量
1公里(km)＝10公引	1公噸(t)＝10公擔	1立方公尺(m³)＝10公秉
1公引(Hm)＝10公丈	1公擔(q)＝10公衡	1公秉(kl)＝10公石
1公丈(Dm)＝10公尺	1公衡(myg)＝10公斤	1公石(Hl)＝10公斗
1公尺(m)＝10公寸	1公斤(kg)＝10公兩	1公斗(Dl)＝10公升
1公寸(dm)＝10公分	1公兩(Hg)＝10公錢	1公升(L)＝10公合
1公分(cm)＝10公厘	1公錢(Dg)＝10公克	1公合(dl)＝10公勺
公厘(mm)	1公克(g)＝10公銖	1公勺(cl)＝10公撮
	公銖(dg)	公撮(ml)

標
準
制

社會上關於金額等數值，均將數字以 3 位加以區分，「 3 位區分」的方法相當普遍。

例如「 2345000元」讀為「 234萬5000元」，但表記上卻又以 3 位區分成「 2,345,000元」。

為什麼社會一般採用此種「 3 位區分」法呢？

原因是這樣的，明治時代初日本從西方引進數字時，直接採用西方所使用的「 三位區分」法。

以西方的語言讀出「 2345000」是採用 2 million，345thousand 的「 3 位區分」法。million、thousand、hundred 等皆以三位單位區分數值。

西方採用「 3 位區分」法，而日本則以「 4 位區分」法讀數值較容易。「 3 位區分」是直接引進西方方式所造成的結果。至於附上萬或億等文字時，寫上「萬」、「億」後以 4 位區分，無需再加上 3 位區分時

所用的逗號了。

　　但是仍然可以見到有人寫成「23萬4,500元」，其實這時寫「23萬4500元」就OK了！

12 何謂「函數」？

函數在國中數學裡便以一次函數、二次函數的名稱出現過了。也因此出現了「函數困難→討厭數學」的情況了。

其實不僅小孩如此，討厭函數的大人也不少，筆者認識的好幾個大人便常說：「實在不想被小孩問到函數的問題！」

但無論如何，當小孩說：

「函數到底是什麼啦！」

你就必須回答。

「一次函數就如 $y = 2x + 3$ 之式子；二次函數就如 $y = x^2 + 3x - 5$ 的式子」

這樣子的回答是沒有錯啦。

但是僅只說出一次函數、二次函數的形式而已，最重要的「函數」並沒有回答出來，但這也難怪，因為他心裡實在是避之唯恐不及啊……。

然而應該怎麼說明才能讓孩子確實掌握函數的意涵呢？

函數的英文是 " function "，讓我們和孩子一起查辭

典看看是什麼意思。有「機能、功能、作用、職務、任務」等義。

在這裡以「函數＝功能」的意思掌握較容易了解，也就是可以想成「從外界給予能夠成為原因的事物後，就可產生一定功能，而得到結果」。

接近這個形態的裝置，便是自動販賣機。

自動販賣機有投幣口和物品出口。

假設由投幣口投入20元，從出口滾出果汁的自動販賣機，以下圖的箱子形式表示。

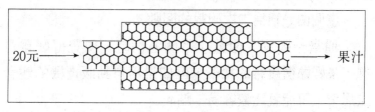

在數學的情況下，進去的是數字，出來的也是數字。

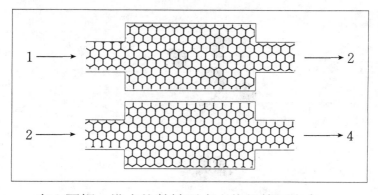

在上圖裡，進去的數被平方之後從箱子出來。

將數字 2 放入箱子裡變成 4 跑出來；放入 5 或 6，出現
25、36等的數字。

現在將進入 6、出來36的情況，用以下的圖表示

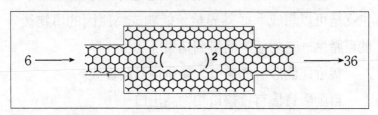

根據上圖，假設一般是「 x 進入， y 出來」，那麼
x 與 y 的關係便可以用 $y = x^2$ 的式子表示。

這個便是稱爲二次函數的函數。

通常一聽到「函數」這個名稱時，便覺得好難對
應，又好像很複雜的樣子，但如果用自動販賣機的觀念
去思考，可能就比較容易一點。

13 使用文字與記號能使數學更易了解嗎?

　　唸國中時,你是否有過因 x、y 等經常出現的文字,而覺得數學很難的記憶?剛開始學習時,文字總令人難解。

　　為什麼數學世界裡要使用那麼多的文字或記號呢?

　　其實文字或記號在數學裡是不可或缺的。我這麼說,各位可能會懷疑「真的嗎?」,因此下面要介紹在未使用文字或記號之前的數學。

　　數學的歷史已有千年之久,但能正確掌握數學的歷史還不到400年的事。

　　例如,阿拉伯的數學家 Albeniz(AD780～850),在西元830年左右寫了標題為『Algebra 與 Mucarbara 的二次方程式計算法』在該書中曾說明二次方程式的解法,只是完全未使用到文字與記號;而且負數的解答未被認定。

　　例如,二次方程式

$$x^2 + 10x = 39$$

的解答方式如下:

　　「其解的平方與解

的10倍相加時，如果其和是39，那麼解答是多少呢？
（註：$x^2 + 10x = 39$）。

　　依此問題，10半分之後變成 5 ，其平方為25。再加
上39合計是64，計算其平方根是 8 。再從 8 中減掉10的
一半 5 ，剩下 3 ，即所求的解。」

　　當然以上的敘述已可用現代的用法說明了。沒有文
字或記號時相當難懂。

　　如果以文字、記號表示前段敘述，則 x 的前方係數
10為一半，各加以平方後得25，在兩邊均加上，成為：

$$x^2 + 10x + 25 = 39 + 25$$
$$(x + 5)^2 = 64$$
$$x + 5 = 8$$
$$x = 8 - 5 = 3$$

求出 x 的解是 3 。

　　使用文字較易了解，用文章的方式敘述反而難懂。因
此絕非「數學使用文字、記號後較難懂」，而是「更容易
了解，更簡單化」。

　　使用文字或記號還有另一個優點。如果像 Albeniz 用
阿拉伯語書寫，則不懂阿拉伯語者就無法了解，但若寫
成

$$\int_0^3 x^2 \mathrm{d}x \quad 或者 \quad y = x^2 + 2x + 1$$

的數學式則世界通行，人人皆可了解。

　　表示要進入數學世界旅行時，文字或記號是不可缺的

交通工具。

　　至於 Albeniz 的書上標題 Algebra 是「移項」的意思。

　　Algebra 是由拉丁語譯成，現在則均以「代數學」的名稱統一使用。表示「代數學」是從 Albeniz 書名的標題。

　　此外，作者 Albeniz 的名字演變成「Algorithm」即算法的意思，一直延用至今，表示依法則計算或解決問題的順序、方式。

14

為何10^0或8^0變成 1？

10^4表示10重複連乘 4 次的數值，即

$$10^4 = 10 \times 10 \times 10 \times 10 = 10000$$

在10的右上方小小寫著的 4 稱爲「指數」，用指數來表示數值較大時比較方便。

表示10000時還好；但如果數值是100000000000000時，到底有幾個0呢？很難數清楚，但如果寫成10^{14}就很明白了。這是個很便利的發明。

接下來我們來探討10^0之問題。

一般對此問題可能會想成「10乘 0 次，所以表示完全沒有相乘，因此變成 0 」，理論上好像正確，想反駁也很難。

不過，這是錯誤的，10^0是 1 。

爲什麼$10^0 = 1$呢？

現在將10^4逐一用10除看看。

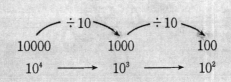

請注意其指數，每用10除 1 次指數便減少 1 的情形。

因此用10除下來的結果如下：

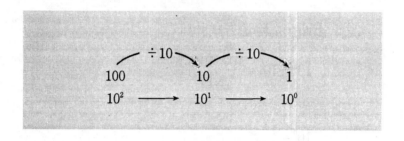

看上圖可知，$10 \div 10$變成 1 ；而在指數方面減少 1 變成 0 ，故$10^0 = 1$。

接著再以別的例子探討。

現在，計算擁有指數之數值的計算

$$10^5 \div 10^3$$

計算時，先改換成分數再約分變成

$$10^5 \div 10^3 = \frac{10^5}{10^3} = \frac{10 \times 10 \times 10 \times 10 \times 10}{10 \times 10 \times 10}$$

$$= 10^{5-3} = 10^2$$

表示擁有指數的數之除法會變成「指數互相的減法」。

接下來計算

$$10^3 \div 10^3$$

上列式子的除算即「指數互相的減法」之計算，

$$10^3 \div 10^3 = 10^{3-3} = 10^0 \cdots\cdots\cdots\cdots① $$

另一方面，以除法方式計算

$$10^3 \div 10^3 = \frac{10 \times 10 \times 10}{10 \times 10 \times 10} = 1 \cdots\cdots\cdots② $$

因此根據①與②，則

$$10^0 = 1$$

「確定」，計算完全合理。表示在數學上「$10^0 = 1$」否則不行。

指數的值為 0 時，「10互相乘 0 次」的想法不適用。

這當然，不僅10^0是 1，2^0與5^0也是 1。如此一般有「數學上方便的規定之存在」稱為「定義」。定義所解釋成「我們要設定這個原則」。

15

$5^{-3} = ?$　　$8^{\frac{2}{3}} = ?$
計算得出來嗎？

前項我們練習指數的計算。$10^0 = 1$、$7^0 = 1$，當指數（累積乘方）為 0 時會產生不可思議的結果。現在若指數為負數時，應該怎麼辦呢？更具體地說，5^{-3}，或 8^{-2}應該如何解答？數學本是冷靜地順著定義思考下去即可求出解答。例如，

$$5^5 \div 5^8 = \frac{\cancel{5} \times \cancel{5} \times \cancel{5} \times \cancel{5} \times \cancel{5}}{\cancel{5} \times \cancel{5} \times \cancel{5} \times \cancel{5} \times \cancel{5} \times 5 \times 5 \times 5} = \frac{1}{5^3} \cdots\cdots ①$$

另一方面，當具有指數的數相除時，變成「指數互相的減法」，那麼當指數為負數時，該原則同樣成立，

$$5^5 \div 5^8 = 5^{5-8} = 5^{-3} \cdots\cdots\cdots\cdots\cdots ②$$

根據①和②

$$5^{-3} = \frac{1}{5^3}$$

即當指數為負數時，改換成分數的形式時，指數變成正數。

以下相同，

$$10^{-4} = \frac{1}{10^4} \text{、}\quad 7^{-5} = \frac{1}{7^5} \text{、}\quad 3^{-23} = \frac{1}{3^{23}}$$

是不是很簡單呢？

那麼當指數爲分數時，應該如何計算呢？

$$5^{\frac{1}{2}} = \cdots\cdots ?$$

將答案設爲 x，兩邊各自平方。

$$\left(5^{\frac{1}{2}}\right)^2 = 5^{\frac{1}{2} \times 2} = 5^1 = \underline{5} = \underline{x^2} \cdots\cdots\cdots ③$$

根據③，$x = \sqrt{5}$。即

$$5^{\frac{1}{2}} = \sqrt{5} \ (\ = \sqrt[2]{5}\ )$$

那麼，$5^{\frac{1}{3}} =$ 多少呢？

$$5^{\frac{1}{3}} = y \ 而$$

$$\left(5^{\frac{1}{3}}\right)^3 = 5^{\frac{1}{3} \times 3} = 5 \doteqdot y^3，故$$

$$y = \sqrt[3]{5}$$

像這樣，當指數爲分數時，其解會變成無理數。總之，

$$5^{\frac{2}{3}} = \sqrt[3]{5^2}$$

例如 $8^{\frac{2}{3}}$

$$8^{\frac{2}{3}} = \sqrt[3]{8^2} = \sqrt[3]{64} = \sqrt[3]{4 \times 4 \times 4)} = 4$$

這麼一來，不管指數出現什麼數字相信各位不再害怕了吧！

16

$y = x^2$是 x 的函數，
那麼 $y^2 = x$ 是什麼？

$y = x^2$為拋物線，畫成圖形如下之左圖，這圖形相當常見。

另外，$y^2 = x$ 的圖形，則如下之右圖。

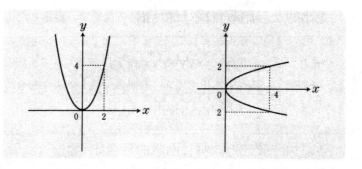

$y = x^2$是常見的「二次函數」，前面已介紹過「函數如同自動販賣機」，如果更嚴格一點的說法如下：

「2個變數 x、y，若 x 值確定，相對地便可確定出一個 y 值，此時 y 稱為 x 的函數。x 的函數 y 若以二次式表示，那麼函數 y 成為二次函數。」

如果 $y = x^2$為 x 的函數時，$y^2 = x$ 則是什麼呢？

看看上方的右圖，相對於 x 值，可決定出 2 個 y 值，如此，便違反了「決定出 1 個 y 值」的函數定義，

所以「$y^2 = x$ 並非 x 的函數」。

但如果孩子問

我知道「$y = x^2$時，y 是 x 的函數，可是爲什麼 $y^2 = x$ 時，y 不能成爲 x 的函數呢？」爲了回答這樣的問題，必須更正確的說明函數的意義。

二次函數是可以用 $y = x^2$的式子表示出來的函數，如同前述能夠用下列的箱形圖表示。

即二次函數是各種數從入口進入後，該數均會被平方再走出的「自動販賣機」的結構。

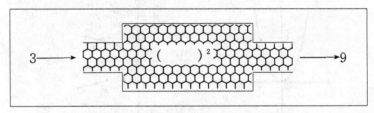

再以另一般的方式解釋函數的意義如下：

「從外界有造成某些原因的事物時，相對之下會產生固定作用的結果出來」。用圖形表示如下：

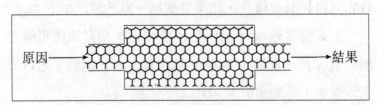

總之，雖然函數是「y 值對應 x 值」，但應該可掌握成「會引起這樣對應作用者」才對。

接著，我們以具體例子探討二次函數 $y = x^2$。

〈圖1〉利用窗簾滑軌做成斜坡，試試滾動小鋼球看看。

做好斜坡之後，在窗簾滑軌上做成 AB 為一單位，再做出 AC＝4AB，AD＝9AB 的距離點出 B、C、D 各點，如〈圖2〉一般在其位置上畫出記號。

做好準備之後拿出碼錶測量時間，在滾出小鋼珠之後開始測量通過 B 點的時間。相同地也測量通過 C、D 的時間。

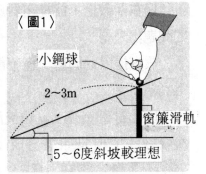

〈圖1〉

小鋼球

2～3m

窗簾滑軌

5～6度斜坡較理想

那麼可以得知通過 B 時間的 2 倍是通過 C 的時間；至於通過 D 的時間是通過 B 時間的 3 倍。

因此，從開始滾動小鋼球 x 秒之後產生 y 距離，可成立2次函數 $y = x^2$ 之式子。

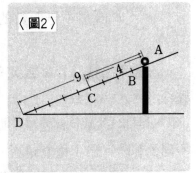

〈圖2〉

A

9　4　B

C

D

將此具體例子整理如下：

「對應×時間 x，結果引起小鋼珠滾動距離 y，在 x 與 y 之間產生了 $y = x^2$ 之規則。」

此規則本身就成為函數。

關於函數的說明很長。

讓我們回到主題

「 $y^2 = x$ ， y 是否為 x 的函數」？

再一次重複聲明函數的目的在於——

「用數學掌握在自然或社會中所發生的原因與結果的關係」。

但在函數上，能提出對應一種事物會產生幾種結果的問題出來嗎？

假定提出此問題不僅不能達到函數的目的，也不能得到結果。

因此對應 x 值， y 值被決出 2 個的 $y^2 = x$「不能視為函數」（但是如果看成 $x = y^2$ ， x 即成為 y 的函數）。

$y^2 = x$ 既然不是函數的式子，那麼又是什麼呢？……

在數學上稱為「對應 x 的值，有決定若干個 y 值的關係」。

$y^2 = x$ 的圖形會變成「關係的圖形」，與函數分屬不同的範疇。為了檢查是否「理解函數的意義」，經常是命題之焦點，故必須自己多練習。

至於「關係」這句話不必多加了解，倒是「 x 值確定之後，可決定出 1 個 y 值」這點上，請各位牢記！

17 如何說明文字式的意義？

數學的歷史與文字的關係，我們已介紹過。

對小孩子而言，使用記號或文字的式子，即文字式是相當困難的事。

在長達數千年的數學歷史中，文字被正確掌握出來的歷史還不到400年，人類試圖創出文字，也是走了相當艱辛的一條漫長路才完成的，那麼，小孩子覺得困難也是理所當然。

當孩子問到「什麼是文字式呢？」大人們應該如何說明才能讓孩子了解呢？當小孩一上國中，這個問題馬上會被提出。

文字具有多種種類與功用。

如將未知的數以 x 等文字代替的方式，即視文字爲「未知數」。另外也視爲「變數」與「一般的定數」等，文字具有各種性質與功用。

爲了說明這些文字的功用，對於其功用準備一些小道具來說明便可清楚了解。

現在將長方形的長與寬各設爲 a 公分與 b 公分，面積爲 S 平方公分，用文字式表示這些量的關係如下：

S＝ab

此式子裡的文字代表的就是一般的定數，分別以a、b代替，當然可以任何數值來代入長與寬。

所以，可以視這類文字如下圖一般可裝入任何一數值的杯子。

下圖是長5公分，寬7公分的數值裝入 a、b 兩杯子內，那麼，長方形的面積可表示如下：

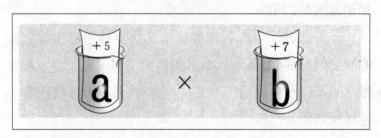

在計算 a＝$x-2$、b＝$4x+1$時，求出 a＋b 的問題上，杯子也可派上用場。

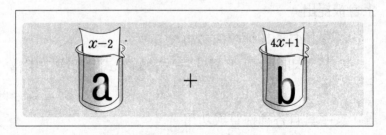

此計算可看成 a、b 的杯子裡各裝入 $x-2$、$4x+1$ 的狀況。

想處理未知數時，利用信封做比喻便可更清楚。

文字 x，可想成是在信封內裝有一張寫著未知數的

卡片即可。例如要解答一次方程式

$$3x + 2 = 8$$

在信封寫上 x 後，再以如下方式解該問題。

　　既然信封內裝著寫了某數的卡片，因此不可讓小孩知道或看到該數，然後讓小孩猜卡片上寫什麼數。

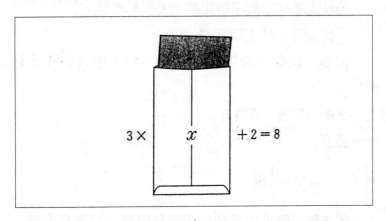

　　這麼以如同尋寶的有趣方式說明未知數，便可以讓小孩子確實掌握一次方程式的意義。

18 為何三角錐的體積是三角柱體積的「$\frac{1}{3}$」?

角柱或圓柱的體積很簡單,大家都知道
「底面積×高」即可。

但是,角錐與圓錐的體積 V 不同,應該怎樣計算
呢?

底面積為 S,高為 h
那麼

$$V = \frac{1}{3}Sh$$

即角錐與圓錐的體積是相同底面積、相同高度時,
角柱、圓柱的體積的$\frac{1}{3}$。那麼為什麼要乘以「$\frac{1}{3}$」呢?

國中一年級的教科書,是用以下的圖形說明,在容
器內倒入水來說明該公式。

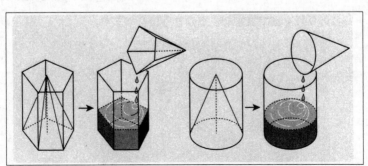

依照這樣的說明，小孩子便可了解嗎？

依前圖的說明，不僅小孩，連大人也會懷疑

「真的會剛好成為 $\frac{1}{3}$ 嗎？」

「做個實驗便可了解」等之質疑聲出來。

欲明確說明 $V = \frac{1}{3}Sh$ 這一式子應該怎麼辦呢？

其實需要用上微積分的知識，若要明確說明該式子，在能夠學習高中程度的內容之前是無法做到的。

但是，不使用微積分的情況下，有無其他理論可說明 $V = \frac{1}{3}Sh$ 的方法呢？

讓我們看一下三角錐的體積，思索其說明方法。

首先以下面的「伽瓦利埃原理」做為理論基礎（詳細參考第 6 章）。

伽瓦利埃原理表示「底面相同，高相等的 2 個角錐，其體積相同」。

用圖形表示該原理如下：

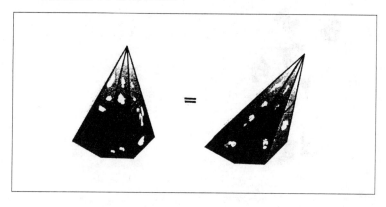

接下來討論底面積 S，高度 h 的三角柱。將此三角柱如下圖切開成 3 個三角錐。

注意三角錐，便可發現底面積和高度均相同。既然三角柱可切成 3 個相同體積的三角錐，那麼更可引導出三角錐的體積求算公式爲 $V = \frac{1}{3}Sh$。

不僅數學如此，有些爲了更明白了解，需要「再上一級」的水平的說明。

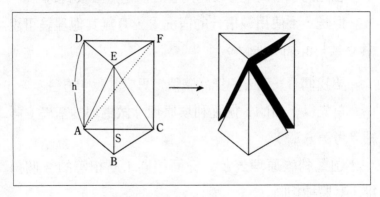

③

有關工作、
金錢的數學

郵遞區號變成 7 位數時，資訊量會增加多少？

　　1998年 2 月 2 日日本郵遞區號由 5 位數變成 7 位數。

　　爲了 7 位化，許多公司被迫修正原先的資訊系統，所費不貲。

　　另一方面，有些業種卻因爲 " 7 位化特需 " 接到大量訂單，公司業績大大提高。

　　郵遞區號制是爲提升郵件區分作業的效率與正確度，在1966年被制度化。

　　就 5 位數的情形而言，前 2 位是地域號碼，後 3 位則是地區郵局的負責區域號碼。至於 1 日有3000件以上的郵件之郵局等，剩餘的 3 位被使用爲專用號碼。

　　將 5 位數改成 7 位數，則地域中「××縣○○市△△町」的部分，便完全以號碼表示。

　　將郵遞區域由 5 位數改成 7 位數，資訊量會增加多少呢？

　　讓我們先探討 5 位數時的資訊量。

　　由於前 2 位在 0 ～ 9 的10個數字當中，每一個數字可組合出10個數字，故爲

$$10 \times 10 = 100$$

可獲得100件的資訊量。在該100件當中的 1″ 再組合10個數，即可得由前面算來第 3 位數的資訊量即

$$100 \times 10 = 1000$$

1000件持續算下去

5位的資訊量是

$$10 \times 10 \times 10 \times 10 \times 10 = 10^5 = 100000$$

10萬件。

同樣地， 7 位數的資訊量是

$$10 \times 10 \times 10 \times 10 \times 10 \times 10 \times 10 = 10^7 = 10000000$$

1000萬件。

所以由 5 位數增至 7 位數時，資訊量增加100培

但是， 7 位數對使用者而言較麻煩。

關於這個問題郵政局因此發布了如下訊息，因 7 位化的節省人力，10年間可減少8000人力，累計減少經費2000億日圓，因此，「直至2005年可維持郵費不必調漲」，藉此獲取使用者認同。

2 影印機的141％倍率選擇代表什麼意義？

影印機可自由自在放大、縮小，是在事務處理上不可或缺的機器。

影印機的倍率選擇調整鍵表示著

141％	A4	→	A3
	B5	→	B4

其他如

122％	A4	→	B4

等，各數值排列著。

那麼，141％代表著什麼意義呢？

爲了明確了解該數值，首先先了解「B5→B4」的意義。

B5、B4是紙張的尺寸，表示由B5版變成B4版。箭頭表示由B5版擴大成B4版的意思。

現在假設右圖的（ㄅ）之長方形爲B4，其

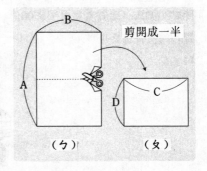

一半(ㄆ)的長方形爲 B5。

在此比較(ㄅ)與(ㄆ)的長方形便可了解兩者之間相似的關係。即各長方形的寬比例相等。

利用該相似的關係，便可求算出 B5 版變成 B4 版的擴大率了。

爲求出擴大率，設長方形(ㄆ)的邊長 C 爲1，長方形(ㄅ)的邊長（A）爲 x，只要求出 x 值即可。

因爲 $A = x$，$B = 1$，$C = 1$，$D = \dfrac{x}{2}$，利用相似關係

則
$$1 : x = \frac{x}{2} : 1$$

的式子成立。上式可置換成

$$x \times \frac{x}{2} = 1 \times 1$$

$\dfrac{x^2}{2} = 1$，即 $x^2 = 2$。

此 x，值爲 $\pm\sqrt{2}$，但因 x 爲邊長，故取正數之值即 $\sqrt{2}$。即表示 A 的邊長約爲1.41。因此由 B5 版變 B4 版的擴大倍率爲1.41倍。

根據以上敘述，影印機141％表示 $\sqrt{2}$ 的值。$\sqrt{2}$ 大家的記憶應該還在，其值大約爲1.4142……，故爲141％。

$$\sqrt{2} = 1.41421356 \qquad \sqrt{4} = 2$$
$$\sqrt{3} = 1.7320508 \qquad \sqrt{5} = 2.2360679$$

3 如何了解正確的土地面積？

內政部每年發布「全國地價公布價格表」，公告全國各地主要地區 1 平方公尺的地價於報紙上。

在景氣持續低迷的時間，和泡沫景氣時代相比完全不同，即公告價格逐漸滑落。尤其是都市圈的商業中心的地價更是滑落數年之久了。

雖然如此，都會區的土地值段仍然高額。因此買賣土地時，面積的測定相當重要。

假如土地的形狀如下圖一般屬於多角形時，可以將土地先分割成若干個三角形，各自算出各三角形的面積之後再予以合計求出總面積。即求土地的面積等於求算三角形的面積。

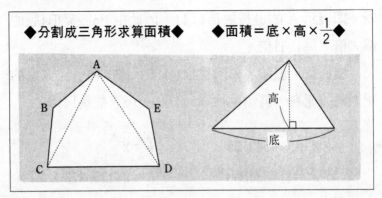

◆分割成三角形求算面積◆　　◆面積＝底×高×$\frac{1}{2}$◆

　　那麼，三角形的面積應該如何計算呢？

　　小學時代已敎過的公式如下

　　　　三角形的面積＝（底）×（高）÷2

　　可是上式公式實際求算面積時，底邊的長度雖可以測定，可是測量高度卻須畫出直角，因此測量不容易。

　　求算三角形的面積也可以不必大費周章地量垂直線、測量高度，只要知道 3 邊的長便可以利用公式計算出來。這個方便的公式稱爲「郝隆公式」，三角形三邊長各設爲 a、b、c

$$s = (a+b+c) \div 2$$

則面積 S 爲

$$S = \sqrt{s(s-a)(s-b)(s-c)}$$

　　例如，三邊長各爲40公尺、50公尺、60公尺的三角形。

$$s = (40+50+60) \div 2 = 75$$

用電子計算機求出面積爲

$$S = \sqrt{75(75-40)(75-50)(75-60)}$$
$$= 992.16 平方公尺$$

　　測量面積是在人類從事農耕之後才知道的事。

　　隨著人類階級的形成出現了支配者之後，土地面積的測定更加正確。因爲支配者必須決定土地的稅額，徵收稅金。

　　求算土地的面積，自古至今一直都是重要的問題。

銷售額一樣的產品 A、B 的成本比較

a 公司製造、銷售製品 A 與製品 B 兩種製品,去年 A、B 兩者的銷售額都達到80億元。

各製品在成本與銷售額比較之後,製品 A 產生20％的利潤,製品 B 則產生20％的損失。

在此情形下,製品 A、B 的銷售額一樣,因此合計的利潤(或損失),若單純計算成

　　「20％-20％」=0％

這樣可以嗎?

這問題容易想成「銷售額一樣,無任何虧損、收益,即收支平衡。」但遺憾的是,此想法錯誤。

依據的「原數」爲成本,對應成本獲得20％或-20％的利益。因此「成本」、「銷售額」、「比例」的關係是

　　「成本」×「比例」=「銷售額」

製品 A 有20％的利益,表示銷售額80億元是成本的(1+0.2)倍=1.2倍的意思。

因此設成本爲 x 元

$$x \times 1.2 = 8,000,000,000$$

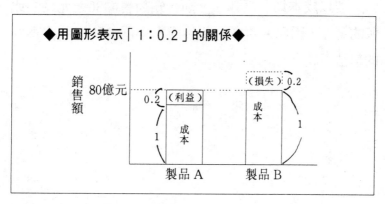

的式子成立。因此 x 是

$$x = 8,000,000,000 \div 1.2 \fallingdotseq 6,666,666,667$$

接著，製品 B 有20％的損失，表示銷售額80億元是成本的（$1-0.2$）倍＝0.8的意思。

因此，成本為 x 元，則

$$x \times 0.8 = 8,000,000,000$$

的式子成立。則

$$x = 8,000,000,000 \div 0.8 = 10,000,000,000$$

成本的合計計算求出

$$6,666,666,667 + 10,000,000,000 = 16,666,666,667$$

另外，製品 A、B 合計的銷售額為160億元，則

$$16,000,000,000 - 16,666,666,667 = -666,666,667$$

得知有 6 億元以上的赤字。

但在這個問題上若將「原數」視為銷售額80億元，則必產生「20％－20％＝0％」的式子。

若以成本為「原數」，則可知銷售額80億元為「比較的量」，因此，兩者的製品成本不同，所以收支為 0 的想法不成立。

何謂成長率？

　　判斷景氣狀況的依據是「經濟成長率」，各位於新聞的財經版可以常看到。經濟成長率表示國內總生產（GDP）隨著時間的經過變化多少的比例。

　　例如，去年1年間日本的國內總生產爲100兆圓，然而今年一年間的國內總生產爲120兆圓。那麼和去年相比，今年一年間國內總生產增加20兆圓。

　　將增加的20兆圓當作「比較量」，去年一年間的國內總生產爲「原數」考慮其比例。

則求算比例的公式爲

　　　　　比例＝「比較量」÷「原數」

因此

　　　　　20兆圓÷100兆圓＝0.2

　　將小數100倍，寫成直式％，則經濟成長率爲20％。

　　接下來探討平均成長率。

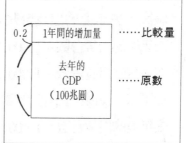

　　例如，B公司的個人電腦出貨台數的成長率去年爲20％，今年增加10％

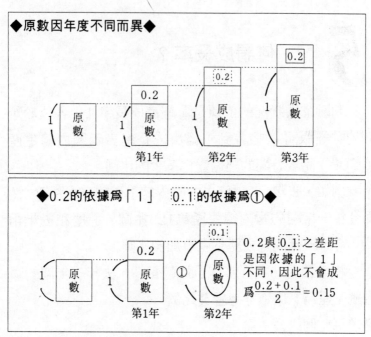

◆原數因年度不同而異◆

第1年　第2年　第3年

◆0.2的依據爲「1」　0.1的依據爲①◆

第1年　第2年

0.2與 0.1 之差距
是因依據的「1」
不同，因此不會成
爲 $\dfrac{0.2+0.1}{2}=0.15$

在此狀況下，2年的平均成長率爲

$$（20+10）÷2=15$$

可以這樣計算，而稱增加15％嗎？

　　解答是否正確，讓我們以實際的數值來確認。

　　假設，去年度的出貨台數爲100萬台。

　　去年度的出貨台數＝1,000,000×1.2＝1,200,000

　　本年度的出貨台數＝1,200,000×1.1＝1,320,000

　　接下來，如果兩年各持續增加爲15％

　　去年度的出貨台數＝1,000,000×1.15＝1,150,000

　　今年度的出貨台數＝1,200,000×1.15＝1,322,500

　　與實際的出貨台數有2500台的誤差。

　　因此，平均成長率到底該如何計算呢？

　　首先，設前年度的出貨台數為 A，平均成長率為 x 可以式子表示如下圖：

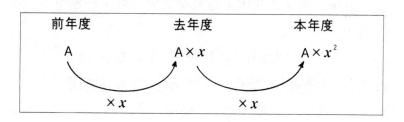

　　因此，本年度的出貨台數能以式子「A×1.2×1.1」表示。則

$$A \times x^2 = A \times 1.2 \times 1.1$$

成立。故，

$$A \times x^2 = A \times 1.32$$

$$x^2 = 1.32$$

$$x = \sqrt{1.32} = 1.1489125\cdots\cdots\text{——答案}$$

所以，平均成長率大約為14.9％。

在此必須正確掌握

$$\％ = （比較量 \div 設定為1的量）\times 100$$

Column

商業上「率」的意義

說「率」在商場上每天都會使用到，一點也不為過。

「率」如同棒球的「打擊率」，同樣都表示「比例」，但商場上都解釋為「百分率」，即「％」的意思。

商業上的「率」有以下幾種：

◎達成率：實績值對於計畫值、目標值的到達比例。

◎成長率：對過去業績提升改善程度的百分比。新顧客來店率、毛利率的提高程度等。

◎減少率：與成長率相反，被判斷為減少比較良好的程度於折扣率、退貨率等使用。

◎回轉率：表示效果的效率或利益向上的程度。使用於商品回轉率、資金回轉率等。

◎構成率：全體中所佔有之特定數值的比例。

◎實行率：對所設定目標，表示是否確實實行的比例。例如出勤率、設備作業率等。

這些「率」當中，以成長率、提高率最常用。成長率（提高率）是對特定的對象期間，如前年比、前月比等，表示成長程度的百分比。

何謂連續複利？

　　所謂「複利法」是「期間末時將利息入本金，其合計額做爲下一次期間的本金計算利息之方法。」

　　假定年利率10％複利計算，將1萬元存款存5年，則本利計算如下：

◎1年末的本利合計……1萬元×1.1

◎2年末的本利合計……1萬元×1.1＋1萬元×1.1×0.1

$$= 1萬元×1.1（1＋0.1）$$

$$= 1萬元×1.1^2$$

　　以相同的方式計算，則

◎3年末的本利合計……1萬元×1.1^3

　　因此，5年末的本利合計是1萬元×1.1^5，使用電子計算機計算，大約有1萬6000元左右。

　　依照上例，複利的本利合計可表示成

$$本金×（1＋利率）^{期間數}$$

　　接下來再探討「連續複利法」。

　　假設一萬元，年利率100％，存1年，則1年末的本金合計爲

$$1萬元×（1＋1）$$

故爲 2 萬元。

如果存款利率降低成50％，1 年分 2 期，6 個月的複利

本利合計是

$$1萬元 \times \left(1+\frac{1}{2}\right)^2$$

計算求出金額爲2.25萬元。

接著，利率爲$\frac{100}{3}$％，即降至33.3％，1 年分 3 期，那麼本利合計是

$$1萬元 \times \left(1+\frac{1}{3}\right)^3$$

用電子計算機計算，其金額大約是2.37萬元。同樣地，利率降低爲100％的$\frac{1}{4}$，$\frac{1}{5}$……，1 年期間分成 4 期、5 期……來計算，則 1 年末的本利合計爲

$$1萬元 \times \left(1+\frac{1}{4}\right)^4 \cdots\cdots\cdots\cdots2.44萬元$$

$$1萬元 \times \left(1+\frac{1}{5}\right)^5 \cdots\cdots\cdots\cdots2.49萬元$$

以上計算看看，此計算便稱爲連續複利。

依此連續複利，本利合計會無限增加嗎？

其實若期間的數增加，本利合計會如

2.71828182…………

即逐漸接近2.72萬元之一定值。

上述之值，由於小數點後之數值無限，故以文字 e 表示

　　　　e = 2.71828182…………

此值和圓周率 π 相同，是無理數。以 e 爲底之對數稱爲
「自然對數」，e 是稱爲指數函數或對數函數的微積分不
可或缺的便利數。

　　例如將 e^x 微分，也會成爲 e^x 一般，使用 e 便可用簡
單形式處理。

真方便！函數電子計算機

　　5年內要存房屋的頭期款1000萬元，那麼每個月須存多少錢？或者結婚基金、老年基金；或與房屋貸款的還款金額等之計算，不能老是依賴銀行計算，自己也應動手算看看。

　　存款金額等的求算公式有好多種，進行計算時有一點麻煩！

　　例如，10萬元，月利率0.3%複利，存放1年半（18個月），則本利合計是多少呢？

　　複利求算本利合計的公式是

　　　　本金×（1＋利率）^{期間的數}

　　現在將數值代入公式，計算本利合計為

　　　　$100,000 \times (1+0.003)^{18}$元

上式求出數值為

　　　　　　　1.003^{18}

　　該值是1.003連乘18次，若使用僅能進行加減乘除之四則運算的電子計算機時很麻煩。

　　與普通電子計算機相反，可簡單進行此類計算的是「函數電子計算機」。

　　函數電子計算機是如下圖一般在電子計算機上有一稱爲「函數鍵」的特別按鍵。

　　函數電子計算機電器行有販售，但最近在超市便可便宜買到。

　　函數電子計算機的製造廠商很多，產品多樣。隨著機種的不同，按鍵操作的方式也不相同。

冪乘鍵

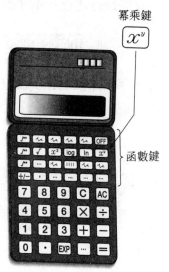

函數鍵

　　現在以卡西歐公司所生產的函數計算機，計算前述之存款金額。

　　在函數計算機上，按被稱爲「冪乘鍵」的按鍵 x^y 圖，求算 1.003^{18} 時可如下操作按鍵。

1.003 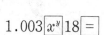 18 $=$

則電子計算機的顯示窗會出現

1.055399282

即所求之值。

　　故利用電子計算機求出本利合計的值是

$$100000 \boxed{\times} 1.003 \boxed{x^y} 18 \boxed{=}$$

的操作方式，立即可得出答案。

　　實際操作之後，電子計算機的顯示窗如下

$$\boxed{105539.9282}$$

因此，存款總額約10萬5540元。

如何因應日本版經濟大改革？

　　1998年４月日本版的經濟大改革正式開始。因為如此不僅大銀行設立分行，連一些不知名的資金運用公司也陸續登場。

　　迎接這樣的時代，自己負責的觀念愈被強調。即吃虧的話不是別人的過錯而是自己。

　　所以在作資金運用時，必須清楚運用的對象，自己做出必要的判斷才行。

　　面對經濟改革的時代，應該如何加以對應呢？

　　前面也已談過在未與運用者的人員相談之前，自己先做本利計算是相當重要的。

　　例如，利用年終獎金購買汽車，則可計畫每年初存入20萬元，連續５年。

　　若是積存的方法，則可採用被稱為超級定期存款的方式，即１年期複利的積存定存，年利率0.35％的金融商品。

　　那麼５年後的本利合計是多少呢？

　　求算以固定金額積存存款的本利合計之公式為：

存款額×(1＋利率) ×｛(1＋利率)^{期間}－1｝÷(利率)

根據以上公式，5年後的本利合計是

200000×1.0035×（1.0035⁵-1）÷0.0035

可以利用前述的函數電子計算機計算。操作如下：

200000 ×1.0035 × （ 1.0035 x^y 5

－ 1 ） ÷ 0.0035 ＝

顯示窗顯示出

1010549.129

求出金額為101萬550元。

依上式的計算，利率低，因此只得到一萬多塊的利息。

在泡沫經濟崩潰之後，金融商品的利率有逐漸下降的傾向，對存款人而言，此一情勢相當不利。但不管怎樣，本利的計算應該自己動手做。

如何擬定銀行貸款的償還計畫？

本章將利用前面敘述過的本利合計

　　本金×（1＋利率）^{期間的數}

之公式來說明對於銀行貸款的償債計畫中如何求算出償還額。

　　其實向銀行融資時，固定期間便必須償返一定的償還額，求算償還額可利用如下的公式

$$每年的返款額 = \frac{融資額 \times 利率}{1 - \dfrac{1}{（1＋利率）^{期間}}}$$

以下將說明導出上式公式的方法。

　　現在以最初的數設定爲 a，在 a 逐漸乘以 r。那麼第 2 爲 ar，第 3 爲 ar^2，……第 n 則爲 ar^{n-1}。

　　接著探討加到第 n 時的值爲

$a + ar + ar^2 + ar^3 + \cdots\cdots\cdots + ar^{n-1}$

上式爲

$$\frac{a（r^n - 1）}{r - 1}$$

此稱爲「等比數列和的公式」。

現在具體的使用公式如下：

假設 A 先生在某銀行每年固定存入 a 元，期間為 n 年的積存。

年利率 r 的複利，則 n 年間的本利合計如下：

$$a+a(1+r)+a(1+r)^2+a(1+r)^3+\cdots\cdots$$
$$+a(1+r)^{n+1}$$

本式可依據「等比數列和的公式」換成

$$\frac{a\{(1+r)^n-1\}}{(1+r)-1} = \frac{a\{(1+r)^n-1\}}{r}$$

另外，假設 A 先生以 b 元存入在某銀行，年利率 r 複利計算，n 年之後其本利合計為

$$b(1+r)^n$$

接下來假設 A 先生在某銀行貸款 b 元，年利率 r 複利計算，共借 n 年期間。

就融資的銀行而言，A 先生每年償還 a 元，與 A 先生每年在某銀行各積存 a 元，n 年是相同的。

此積存的金額，也是每年 a 元的還款額，和將融資額 b 元給予某銀行，年利率 r 複利計算，n 年之後的本利合計相同。

因此可成立公式

$$\frac{a\{(1+r)^n-1\}}{r}=b(1+r)^n$$

求算出 a

$$a = \frac{br}{1 - \dfrac{1}{(1+r)^n}}$$

因此可導出銀行的還款額的公式

10 把退休金做為年金用於生活費的計算方法

　　上班族退休之後的年金，被設定爲平均月收入的68％（98年度）。根據日本厚生省表示，持續繳40年保費的上班族中，妻子爲家庭主婦的情形下，那麼退休之後的年金收入是每月大約23萬元。

　　然而隨著高齡化的進行比預期嚴重之下，年金給付額的減少現已成爲討論之問題。

　　將來，一旦年金給付額果眞減額，對上班族而言事態相當嚴重，到時僅有退休金可以依靠了。

　　因此，若將退休金當作年金，並與其利息當作生活費用，則此時應該如何計算呢？

　　將退休金存下來，對銀行而言與存款者獲得融資的結構相同，所以其計算公式與前項所述的「貸款償還公式」一樣。

　　將退休金以固定期間生息，即當作年金處理時，其求算金額的公式如下，A 值爲

$$A = 1 - \{1 \div (1 + 利率)^{期間}\}$$

　　接著將 A 值代入以下的公式

$$退休金 \times (利率 \div A)$$

以下舉實例說明。

假設退休金為2000萬元，假定尚有餘年20年，將退休金以年利率0.3%複利運用。每年以視同年金的一定額當作生活費，在２０年內將退休金全部用完。

接著使用函數計算機，便可計算出一年可用多少錢？A值是

$$1 - \{1 \div (1 + 0.003)^{20}\}$$

用函數計算機計算出

$$A = 0.058$$

接著

$$20,000,000 \times (0.003 \div 0.058)$$

即可領到的金額為103萬4482元。因此一年可有約103萬元的生活費，在平均壽命之期間均可使用到。

日本的平均壽命延長，終於進入高齡化社會。在此情況下，關於年金的計算必須有正確的看法和知識。

Column

「無利息之國」的日本

日本的法定利率在95年9月時降到0.5%，之後的96、97年維持不變。

所謂的法定利率即日本銀行（台灣是中央銀行）向全國的金融機構貸款時所適用的基準利率，這對國內的經濟有相當大的影響。尤其法定利率對金融機構的利率有直接的影響。

98年至今法定利率提高無望，因此銀行1年的定期存款利率約年0.25%，為過去最低的水準。10年的定期利率約1.3%的低利率之下，1萬日圓存10年的利息，只不過是1300日圓而已。

在這樣超低利率的時代，受害最深的莫過於依靠年金生活的人。

依據總務廳發表的96年統計，戶長在65歲以上的家庭其平均存款額約1338萬日圓。與91年比較起來，年度利息收入減少70萬日圓。

像日本這麼低的法定利率，是全世界少見的異常現象。

④

運動、旅行的數學

1 如果以旋輪線來計算，為何東京↔大阪只需要10分鐘？

假設服務於東京總公司的上班族，被派到大阪出差。

如果他坐新幹線的希望號出發，則東京～大阪所需要的時間為 2 小時14分鐘；坐飛機由成田機場～關西機場約需 1 小時15分鐘。即無論如何都需要花一段時間。

然而可以考慮東京～大阪僅需10分鐘，不需燃料費，沒有公害的交通工具哦！

這個理想中的交通工具可否實現呢？

其實只要如下圖挖出一曲線形狀的地下道，則東京～大阪間的地下鐵——夢幻的超特快便可實現了！

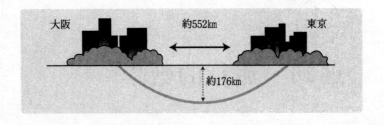

如上圖般的地下鐵線稱為「旋輪線」。

旋輪線的求出，可在腳踏車的輪胎外側做記號，如

下圖讓輪胎轉一圈後求出。晚上若在自行車的輪胎上塗上螢光劑，踩腳踏車時便可看見美麗發亮的旋輪線。

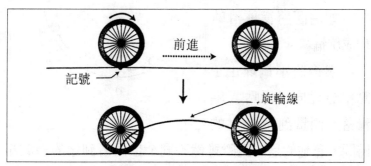

前進

記號

旋輪線

　　若將火車裝設在旋輪線的地下鐵軌上，只需依其本身重力便可前進。那麼東京～大阪只需10分鐘便可到達。地下鐵技術已更發達，也許不久之後此種夢幻超特快便可實現。

　　至於重力與旋輪線的關係，以下有幾種有趣之實驗：

〈其一〉

　　準備幾條窗簾滑軌，如圖做成直線或曲線，並在 A 點與 B 點連結。

　　在 A 點上放置小鋼球，用手壓住後防止下滑。

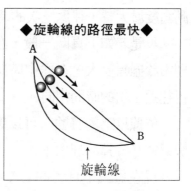

◆旋輪線的路徑最快◆

A

B

旋輪線

　　接著手輕輕放開，讓窗簾滑軌上的小鋼珠同時滑落。則小鋼珠最快到達B點的是窗簾滑軌彎曲成旋輪線

上的小鋼珠。

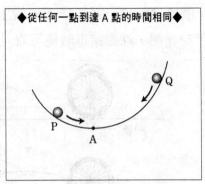

◆從任何一點到達 A 點的時間相同◆

〈其二〉

如右圖將窗簾滑軌彎成旋輪線。

然後將小鋼珠由 P 點和 Q 點向最低點 A 點滑落，測量到達 A 點的時間。有趣的是，距離雖然不同，但兩者到達的時間相同。

其實不管小鋼珠從哪一點滑落，到達最低點 A 的時間相同。

〈其三〉

製作鐘擺，將線長固定。但擺動幅度小時，往返一次的擺動時間與幅度的長度無關，幾乎相同；可是若擺動幅度增大時，往返一次的時間也增大。

可是若如下頁圖一般，在 2 個旋輪線的板間擺動，則由於擺幅變大，在途中時線好像變短一般地擺動，使得往返 1 次的時間相同。

依據以上的實驗，可以導出利用旋輪線由東京～大阪只需10分鐘的理由了。

現在假設下頁圖的 OA ＝ 2r。以自行車的輪子做比喻，即輪子的半徑為 r。那麼 RS 與輪子的周長相同，故 RS ＝ 2πr。

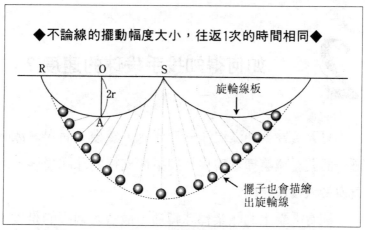

接著如上圖一般假設鐘擺的線接觸旋輪線板擺動。那麼，擺子往返1次的時間；不論線的長度大小，都是固定的，則時間是

$$2\pi\sqrt{\frac{r}{9.8}}$$

現在假設東京～大阪的距離是 RS = 552公里。代入上式公式，求出 r 為 RS = 2πr = 552公里。求出往返1次的時間約20分鐘。

將巨大長度的擺子和地下鐵列車的動力結合，則列車在東京～大阪間10分鐘即可到達。

2　如何得知投手投球的速度？

　　夏天黃昏，沖澡洗淨一身汗水，然後一面喝著冰啤酒一面觀看職業棒球轉播。如果你支持的球隊獲勝，那就眞令人暢快無比。

　　觀看電視上的職業棒球轉播，最令人關心的是投手投球的球速。在畫面出現的瞬間投手球速數值，藉此可了解投手當天的狀況。

　　但是，到底是如何立即得知球速的呢？其實約在十數年前美國開發了一種稱爲「球速測定機」的機器，投手投球時可測出其球速。

　　「球速測定機」是利用「波動」具有的「多普洛效果」之性質來測定球速。

　　「多普洛效果」指的是當電波或音波等「波」接近觀測者時，波長會較原先的波短；相反地，當波遠離觀測者時，波長較長。

　　例如，火車警笛聲響接近時，笛聲較高，遠離之後笛聲愈低。

　　球速測定機所使用的波稱爲微波，其周波數很高。

　　設微波的速度爲 m，球速爲 v；而微波的波長爲 a，

當球速測定機發射的微波撞到球所反射的波長為 b，則
「多普洛效果」可成立如下的公式：

$$b \div a = \frac{(m-v)}{m}$$

依此式子，可檢查出發射的微波周波數，與反射波
的周波數的差，便可在瞬間求出球速。

可迅速測出速度，捕捉汽車違規超速的機器稱為
「雷達機」。此裝置的原理和球速測定機一樣，皆是利
用多普洛效果。

由球速測定機所求出的球速為「平均速度」。可
是，由於測量的時間相當短，所以球速幾乎已接近「瞬
間速度」的值了。

那麼電視畫面瞬間出現的球速可與後面的「微分係
數」互相參考。（參考第6章）

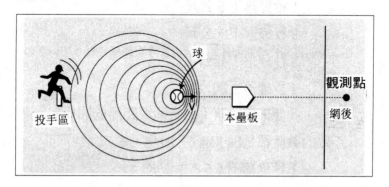

3

如何以一個石頭
來測量橋的高度？

假設全家到郊外，走在深谷間的一座橋上。這個時候能否簡單測出，從橋到河川水面之間的距離有多少公尺？

測量高度需要使用尺嗎？不，不，利用數學只要使用一顆石頭便可求出。

首先測量從橋上丟下一顆石頭，石頭到達水面所需的時間是多少？

現在由高處丟下石頭，然後測量落下的時間以及距離，結果如下。但在此並未考慮空氣的阻力。

1秒鐘落下 5公尺

2秒鐘落下20公尺

3秒鐘落下45公尺

4秒鐘落下80公尺

接著，我們來探討落下的時間與距離的關係如何。

距離的數值都是5的倍數，因此可得如下：

1秒鐘落下（5× 1 ）公尺

2秒鐘落下（5× 4 ）公尺

3秒鐘落下（5× 9 ）公尺

4秒鐘落下（5×<u>16</u>）公尺

波線上的數字可改成如下形式：

1秒鐘落下（5×<u>1</u>²）公尺

2秒鐘落下（5×<u>2</u>²）公尺

3秒鐘落下（5×<u>3</u>²）公尺

4秒鐘落下（5×<u>4</u>²）公尺

即石頭落下的速度會逐漸增加，因此時間與距離的關係如下：

距離 = 5 ×（時間）²

現在將文字代入以上的公式表示，時間爲 x，距離爲 y，則

$$y = 5x^2$$

一般物理課本上是寫爲 $y = 4.9x^2$。

話題回到之前測量橋的高度上。假設2.5秒後石頭碰到水面揚起水花沉入水底。則石頭落下的距離，則將2.5代入上式的 x 中

故 $y = 5 \times 2.5^2 = 31.25$

因此橋的高度求出大約爲31公尺。

至於首次發現落下距離與時間平方比之落體運動法則的人是，義大利的數學家伽利略(西元1564～1642)。

其中最著名的故事是，他在比薩斜塔丟下鐵球進行落體實驗的事蹟。

這個實驗是在塔上同時丟下不同重量的鐵球，看看

哪一個先著地。但眾所周知，即使重量不同，鐵球落到地面的時間皆相同。

　　但是關於故事的當時資料或數據，現今仍未被發現，因此認為比薩斜塔的實驗並非事實，但現在已是科學史上的定論。

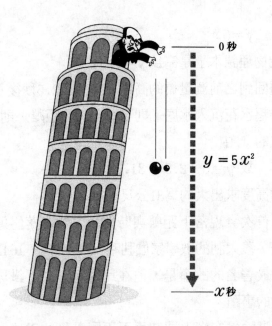

4 時刻與時間是否被混淆

下表是日本鐵路東海道本線下行的時刻表（1998年8月）的一部分。

小田原⑧	平塚⑦	小田原⑨		國府津⑦	小田原	大垣⑩		◆大垣		◆小田原⑧	
23 00⑧	23 09⑦	23 21⑨		23 26⑦	23 18	23 33⑩				23 43⑧	
23 13	23 23	23 30		23 33	23 40	…		…	…	23 54	東京
23 16	23 26	レ		23 36	23 43	…		…		23 57	新橫川
23 22	23 31	23 39		23 42	23 49	23 43				004	品川
23 31	23 40	レ		23 51	23 58	…		23 55		006	川崎
23 39	23 49	レ		24 00		006		010		014	021 橫濱
23 40	23 49	レ		000	007	011		015		024	户塚
23 51	000	レ		011	017	レ		025		035	大船
23 56	005	008		016	022	025		030		040	藤澤
23 56	005	009		017	023	026		030		041	澤堂
001	010	013		021	028	レ		035		046	茅ヶ崎
005	014	017		025	032	035		039		050	平塚
009	018	021		029	036	レ		043		054	大礒
014	023	025		034	041	044		048		059	二宮
018	…	レ		038	044	レ		052		103	國府津
023	…	035		043	049	057		057		108	鴨宮
027	…	レ		048	054	101		101		112	小田原
031	035	レ		057	057	106		106		116	
036	レ	042		101	104	…		109		120	
…	042	…		106	106			110			

〈來源〉JTB 出版事業局發行時刻表
1998年8月號轉載

現在，我們來看23點33分由東京出發的國府津行列車時刻表如下：

橫濱出發…………０００

國府津抵達…………０４８

這班列車在橫濱出發的時刻爲０時00分，到達國府津的時刻爲０時48分，表示由橫濱到達國府津的時間需要48分鐘。

以橫濱爲起點考量，則該列車到達車站的「時刻」是從橫濱爲起點所經過的「時間」。

在此，我們來探討時間與時刻的不同，兩者的關係如何呢？

表示時間與時刻的關係，只要將時間的流程在一條數直線上表示加以對比後即可明白。數直線上個個的點被稱爲「座標」，時刻便是相當於座標。

另一方面，座標與座標間的距離，亦即時刻與時刻的間隔便是時間。將前述列車的運行以數直線表達如下：

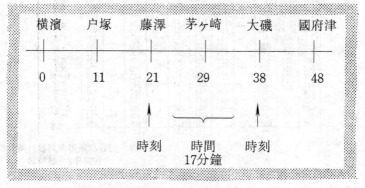

參考上圖的數直線可成立如下式子：

時刻 － 時刻 ＝ 時間

時刻 ＋ 時間 ＝ 時刻

總之，時間表示時間流程的量尺，時刻指量尺上的刻度。「到達原宿的時間爲5時……」的說法錯誤，應該是「時刻爲5時……」才對。或者在「5時～5時15分的時間等待」即 OK。

如何同時在長野、北京、紐約唱歌？

1998年 2 月 7 日上午11點，以長野善光寺的鐘聲做為訊號，第18屆多季奧運會正式開幕。此開幕式的最後一項節目是以衛星連接五大洲同時合唱「快樂頌」。

「快樂頌」由小澤征爾指揮，柏林、雪梨、紐約、北京、開普敦的人們以及長野的人們齊心合唱，個別的人其唱歌時的時刻和地點如下：

◎美國紐約……… 6 日午後10點前　曼哈頓高聳的聯合
　　　　　　　　　　　　　　　　國大樓。

◎澳洲雪梨……… 7 日12時後　歌劇院前的階梯。

◎中國北京……… 7 日10時前　故宮北側的神武門。

◎德國柏林……… 7 日 8 點前　布德登堡東門。

◎南非開普敦…… 7 日 8 點後　非洲大陸最南端的好望
　　　　　　　　　　　　　　　　角。

　為什麼要設在這些時刻上——要了解原由必須先了解「時差」。

　昔日世界各國在配合該國實情之下制定時間。在交通或通訊如此發達的現代，若僅使用本國的時間必不方便。

因此，爲了全世界各角落皆通用的時間，規定了各國的標準時刻與世界時刻。

世界時刻，是以通過英國舊格林威治天文台之子午線爲基準所制定出來，根據此時間各國規定了標準時刻。

日本的標準時刻，是通過兵庫縣明石市的東經135度之子午線爲基準所制定的。

所謂時差是指各國的標準時刻與世界時刻的差。就日本而言，標準時刻比世界時刻快 9 小時。

美國紐約的標準時刻則比世界時刻晚 5 小時。

故日本與紐約的時間差爲14個小時。

根據此一事實，在奧運的開幕會場上唱「快樂頌」時接近正午，在美國紐約則爲昨天晚上的10點左右。

相對的，從日本到海外旅行時，也會有時差問題。

因此將主要都市的標準時刻和格林威治的世界時刻之差，列出如下表：

◎羅馬	＋1	◎巴西利亞	－3
◎斯德哥爾摩	＋1	◎渥太華	－5
◎雅典	＋2	◎芝加哥	－6
◎開羅	＋2	◎洛杉磯	－8
◎莫斯科	＋3	◎安克雷治	－9
◎新德里	＋5.5	◎檀香山	－10
◎馬尼拉	＋8	◎利瑪	－5
◎北京	＋8	◎里約熱內盧	－3

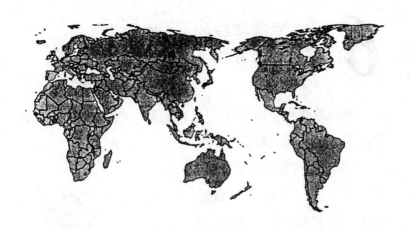

　　現在是利用網際網路，將一項工作在世界各地分擔
進行的時代。因此，在網際網路洽商時，對於時差的問
題也需注意。

坡道標誌的「6%」是何意義？

　　到高原兜風，當車子開上坡道時，是否注意過路邊設置著如右下圖的標誌？

　　標誌上的數值表示坡道的傾度。將 6％換成小數為 0.06，就斜坡而言，表示前進水平距離 1 公里時，如下圖般地垂直距離會上升0.06公尺的斜度。

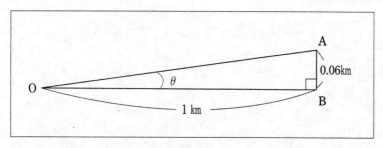

　　考慮斜坡的傾斜角度時，如下頁∠B 是直角三角形 AOB 的直角、∠AOB 20°、$\overline{OB}$長為 1 單位時，高$\overline{AB}$，則為

　　　　tan20°

表示「tan20度」

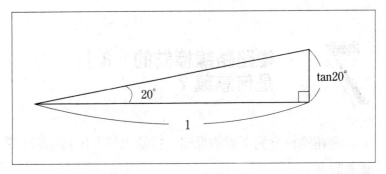

再一次說明 tan 之記號，表示「水平距離 1 單位時的垂直距離」

再回到標示 6％數值的斜坡。斜坡與水平面形成的角為 θ，則

$$\tan\theta = 0.06$$

要了解斜坡的角度多少時，可利用函數計算機。在函數計算機上了解 tanθ 的數值，有求算角度的按鍵。

此記號為「 $\tan^{-1}$ 」，利用該鍵可立即求出角度。

用此按鍵求算角度 θ 為3.4度。即

$$\tan 3.4° = 0.06 \quad \text{之義}$$

表示標誌 6％的斜坡，傾斜角約為3.4度。

鐵路路線標誌的「8」是何意義？

常在鐵軌看到下圖的標誌。標誌上的「8」代表什麼意思呢？

此標誌表示前方路線是斜坡狀況，即斜坡上前進水平距離1公里時，垂直距離高8公尺，表示高0.008公里的意思。

鐵軌路線為了表示傾斜，常使用 per mil（千分之……）單位，per mil 是「per·mil」，其中的「per」是「％」之義。per 是％（百分率），per mil 是「千分率」即‰。1 per mil 表示1000分之1的數值，寫成1‰。

上圖的例子表示8‰，改成百分率為0.8％

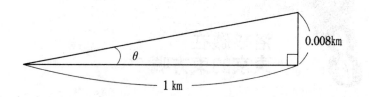

　　設高原鐵路線的傾斜角爲 θ，代入前述公式

　　　　$\tan\theta = 0.008$

此時的傾斜角 θ

　　　　$\theta = \tan^{-1}0.008$

讀爲「arc tan0.008」

　　利用函數計算機求 θ 之值，可求出約0.46，即傾斜角爲0.46度。以六十進法換算此角度，則大約爲

　　　　0 度27分30秒

　　斜度世界第一的鐵道路線在瑞士的登山鐵道，據稱有480per　mil。表示水平距離前進 1 公里，垂直距離升高0.48公里。

　　其斜坡角度大約爲26度。

洛杉磯在
東京的東方嗎？

晚飯後家人開始談起海外旅行的話題，小孩說

「先到洛杉磯街道參觀，然後到迪士尼玩，是最棒
的了！」又說：

「爸爸，洛杉磯在東京的東方嗎？」

下圖是我們常見的以墨卡托投影圖法畫成的世界地
圖之一部分。其上標示出東京與洛杉磯。在這張地圖洛
杉磯似乎在東京的東方。

小孩所問的是正確的嗎？

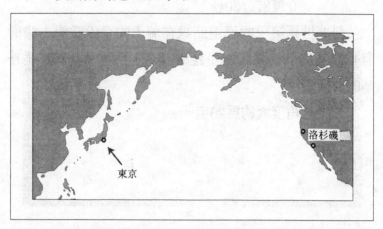

墨卡托投影圖法所描的世界地圖是一般性的地圖，
因此容易被認為世界的形狀理所當然便是這樣。

可是地圖是將地球的表面平面描出，因此多少會有一點扭曲。

墨卡托投影圖法描出的地圖，在距離與面積的扭曲上會較大。

爲了正確了解東京與洛杉磯的位置關係，還是使用地球儀最適當。地球和地球儀都是球形，因此地球儀上的地圖較不會產生扭曲。

現在地球儀上找出這兩個都市，便可以了解「洛杉磯大約在東京的東北方向」的事實。

兩都市的位置關係圖如下：

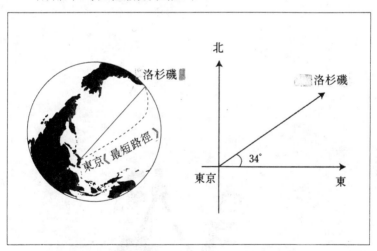

若將球切開，切開之後形成最大的圓是切口通過球的中心時，在該切口所形成的圓稱爲「大圓」。

連接圖上東京與洛杉磯的線便是大圓的一部分，此線是兩都市最近的距離。即球面上的「大圓」與平面上

的直線具有相同作用。

　　假設現在從東京坐船朝向正東方向開航，則船將抵達南美智利的首都聖地牙哥。

　　為了表示地球上的位置使用緯度與經度，該兩都市的經緯度如下：

　　　東京……………………北緯36度、東經140度

　　　洛杉磯………………北緯36度，西經120度

9 以長方形紙張製作正五角形的方法

古代歐洲人相信「正五角形具有鎮魔作用」，現在就以一張長方形紙條做正五角形看看。

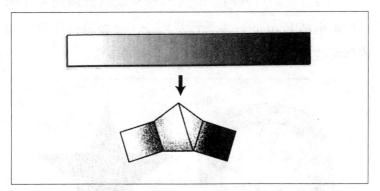

長方形紙條的長度與裝筷子的紙套相仿時較易折疊，況且隨手可得，非常方便。

如上圖一般，打結下來的筷子紙套已變成五角形了。

正五角形是各邊的

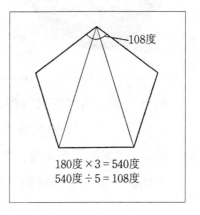

108度

$$180度 \times 3 = 540度$$
$$540度 \div 5 = 108度$$

邊長皆相等的五角形，一個內角是108度。

　　自古正五角形被認爲可以鎮魔除邪，備受尊崇。因爲正五角形祕藏著多種不可思議的力量。

　　這個圖形由 5 個邊所組成，和人類的手指頭數一樣，因此更增加其神聖性。

　　古代希臘稱正五角形爲 Pentagon，根據柏拉圖的思考模式，宇宙是被五角形包圍住的正十二面體。

　　另外，連結正五角形的對角線便成爲五角星。此種形狀被稱爲 Pentagran（五芒星形），是彼得哥拉斯敎團的信仰標誌。

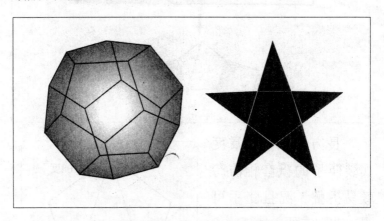

　　另外，正五角形的對角線與邊長的比是

　　　　　　　（對角線÷邊長）

約1.618，這個比例是黃金比例。

　　不妨放一個在身邊做爲避邪之用。

10 如何求出 散步路線的組合？

　　到鬧區逛逛街，找個雅致的咖啡店坐坐，再到不需門票的植物園欣賞四季的花開。這樣的休閒散步方式最近相當流行。另外，球類運動也深受喜愛。

　　現在某社區的媽媽們所組成的“遊街”團，一面看地圖一面計畫到公園散步。

　　那麼路線應該如何安排呢？由成員商量之後決定嗎？路線的走法有幾種方式呢？

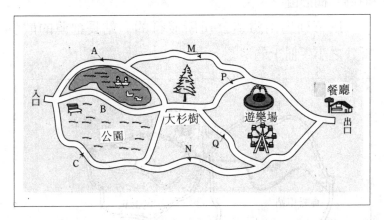

　　這種情況下，如果以不需回頭重走為前提的話，那麼若考慮通過杉樹，則從入口到出口的路線可以有幾種呢？

首先，由公園的入口到杉樹共有 A、B、C 三條通道可走。

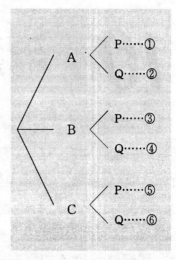

而由杉樹到出口的通道有 P 和 Q 兩條。

所以，對應入口到杉樹的 3 條通道的每一條中，由杉樹到出口各有 2 條通道，所以，路線共有 3×2＝6　6 條通道。

將這種情形以上圖表示，便如同樹木的分枝狀，故稱為「樹形圖」。

以下列出由鐵道公司所發行的「站長推薦的散步圖」之小手冊上的地圖。

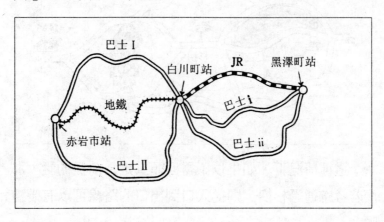

　　那麼經由白川町，則從赤岩市到黑澤町的行徑路線，方法全部有幾種呢？

　　在此情形下可參考「樹枝圖」，依右圖可算出共有3×3＝9條路線。

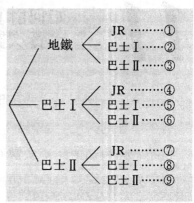

　　為了享受散步的樂趣，詳載著路徑的地圖是必需的，因此「樹形圖」往往以地圖的附錄形式存在。

11 如何計算錦標賽的比賽次數？

　　高中棒球採用只剩下勝隊的「淘汰賽」制，可是職棒或者少棒等則採用「聯盟賽」制。

　　相關者必須知道比賽次數有多少，計算上有一點麻煩。但如果知道解決這個問題的訣竅，那麼就可以簡單地算出比賽次數。

　　首先看淘汰賽。

　　兩隊參加的淘汰賽需比一場；三隊參加比兩場；四隊參加比三場………。

　　表示淘汰賽是「每經過 1 次比賽，必有 1 隊敗北遭到淘汰，獲勝的隊伍則繼續參加比賽，因此，優勝者表示從未戰敗的隊伍」。

　　所以，16支隊伍參加的淘汰賽，其中的15支隊伍有戰敗的經驗，全部則進行16次比賽。

　　即淘汰賽時其比賽總次數，一般以下式求出：

　　（參賽隊伍－1）

第80屆夏季的棒球大賽全國共有4102隊參加，表示會有4101場的比賽（下雨天延期比賽時，前日的比賽不算）。

　　接下來看看「聯盟賽」。

　　首先看四隊進行比賽的話，必須比賽多少場。

　　計算方式，若四隊中的兩隊排成一列的話，其方法有幾種？

　　現在四隊為 A、B、C、D，利用前項的樹形圖便可排出隊伍的方式。

　　樹形圖如下：

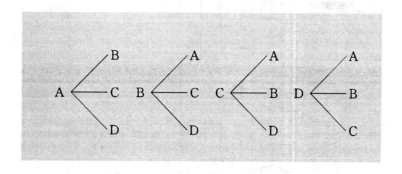

　　參考樹形圖，知排列的總數為

　　　　$4 \times 3 = 12$

　　在此樹形圖的 1 個排法，如 A－B 看成 A 隊與 B 隊對戰，12次的對戰中，同隊各有2次。因此，「聯盟賽」的比賽總場次為

　　　　$12 \div 2 = 6$

　　如果 8 支隊伍進行比賽，則比賽總場次之計算為

　　　　$(8 \times 7) \div 2 = 28$

共有28場。

第80屆　全國高中棒球比賽

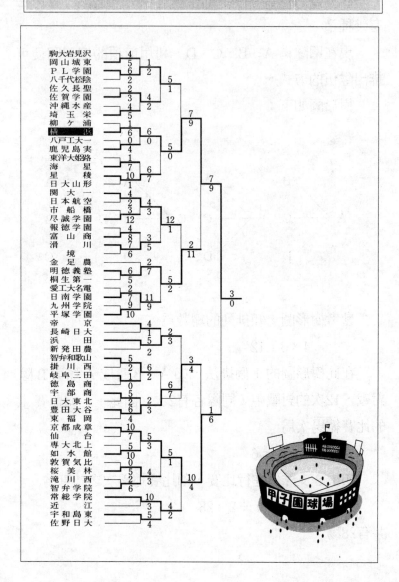

⑤

生活周遭的
疑問破解

1

2個「氣球」的大小差異為何？

　　各位應該都有吹氣球的經驗吧，10次用力吹進空氣的氣球和20次用力吹氣而成的氣球相比，他們的大小差距應該是2倍才對，然而印象中它們似乎並沒有太大差異，真是有點令人想不透了。

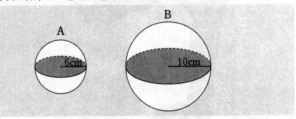

　　這裡，我們將氣球想像成球後，再來思考其大小的差異。

　　首先B的表面積是A的表面積的幾倍？而B的體積又是A的體積的多少倍？

　　當然，只要求出各球的表面積與體積便可以解答這些問題。

　　可是，我們知道球A與球B半徑的比為

　　　　$6：10＝3：5$

因此，可以利用該項比求出表面積與體積的比

　　首先算球的表面積的比，可表示為

　　　　$3^2：5^2＝9：25$

因此，$25 \div 9$約2.8，故可知 B 的表面積是 A 的表面積之2.8倍。

另外，球之間的體積比為

$$3^3 : 5^3 = 27 : 125$$

$125 \div 27 = 4.6$，故 B 的體積是 A 的體積之4.6倍。

如果球的半徑為 2 倍時，表面積是$2 \times 2 = 4$，4 倍；體積則是$2 \times 2 \times 2 = 8$，增加成 8 倍。

如此關係，只要是形狀相同、大小不同，「相似」之立體圖形即可成立。

下圖的長方體 A，將和各邊長均較 A 的各邊長大 K 倍的長方體 B 相比較，兩者是相似的立體圖形。

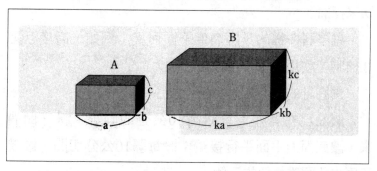

如上圖般的立體稱為「A 與 B 相似，其相似比為 $1 : K$」。

一般而言，相似的立體圖形其表面積的比為

$$1 : K^2$$

同時，體積的比是

$$1 : K^3$$

2 雞尾酒的量有何差異？

　　沙漏雖然落下的沙量相同，可是剛開始是緩慢沈落，最後卻相當快地全部落下。

　　認為「沙漏的形狀為圓錐形，所以當然會這樣。」雖然有道理但差距太大了。

　　到底上方與下方的沙量差多少呢？若僅考慮 " 沙粒 " 就太欠嚴謹了，因此，我們先以雞尾杯酒的圓錐形狀來探討。

　　雞尾酒杯裡的量因高度不同而異；例如，高度互差3倍時，飲用量會差多少呢？

　　由圓錐的相似比與體積比著手，即可了解。

　　假設現在有如下頁圖高30公分的圓錐，將它倒過來，讓底面與平面平行接觸；設每隔10公分切開，做成和原先的圓錐相似的三個
立體A、B、C。

　　A與C的相似比是

　　　　1：3

故體積比是

　　　　$1 : 3^3$　即$1 : 27$

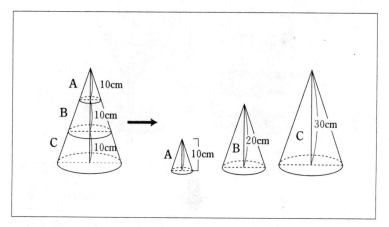

　　裝在雞尾酒杯裡的酒量是 A 的27倍。C 的高度是 A 高度的 3 倍，可是飲用量卻是27倍，差距很大。

　　當我們飲用必須加冰塊的酒時，常使用圓柱形的杯子。

　　接下來，我們再探討圓柱與圓錐之茶杯形狀裡，所裝的飲用量之不同。

　　現在，如圖所示有半徑 r、高 h 相同值的 2 個酒杯 A 和 B。

　　酒杯 A 是圓柱形，其容積為

　　　　$\pi \times r^2 \times h$

　　另一方面，酒杯 B 的容積為

　　　　$\pi \times r^2 \times h \div 3$

　　因此，當 A、B 同時倒入酒到相同的高度時，B 杯裡的飲用量是 A 的 $\frac{1}{3}$。

　　想要喝較多量時，對於酒杯的形狀也需注意一下。

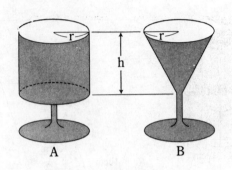

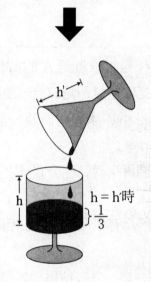

3 如何定吉他檔子的間隔？

1960年代民歌相當流行。南 Kosetu 所唱的「神田川」等民歌盛極一時，對嬰兒潮的世代而言，現在應該是相當值得懷念。

民歌不可或缺的便是吉他。

吉他的指板上有很多定音的檔子，檔子的間隔應如何決定呢？

鋼琴或吉他所使用的音階 Do、Re、Mi、Fa、So、La、Si、Do 等稱為「平均律音階」，如下圖分成12鍵。

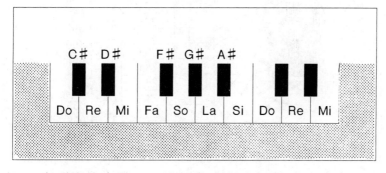

在平均律音階上，比較各音發出振動體之長度，按照高音向低音的順序，長度為一定倍數。

如 Si 的振動體的長度約高音 Do 的1.06倍，即相隔的2個音的振動體的長度比，各為1.06倍，這比率為固

定倍數。

　　1.06的值是 Do 的振動體長度，是更上一音階的 Do 之振動體的２倍。

　　注意一下普通吉他弦的長度可以發覺，如下圖鄰接的音長比約為1.06倍。檔子的間隔如下圖一般配列。

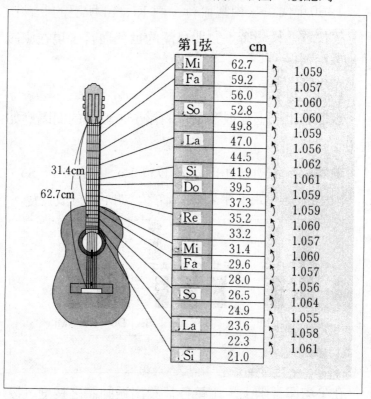

第1弦	cm		
Mi	62.7	↱	1.059
Fa	59.2	↱	1.057
	56.0	↱	1.060
So	52.8	↱	1.060
	49.8	↱	1.059
La	47.0	↱	1.056
	44.5	↱	1.062
Si	41.9	↱	1.061
Do	39.5	↱	1.059
	37.3	↱	1.059
Re	35.2	↱	1.060
	33.2	↱	1.057
Mi	31.4	↱	1.060
Fa	29.6	↱	1.057
	28.0	↱	1.056
So	26.5	↱	1.064
	24.9	↱	1.055
La	23.6	↱	1.058
	22.3	↱	1.061
Si	21.0		

31.4cm

62.7cm

怎麼才能熟悉 log 的記號？

通常我們是在高中的數學課本上首次看到「log」的記號。這個記號的確較嚴肅，不易令人親近，因此有著「不想再看到 log」之想法的人不少。

如何才能簡單學會 log 呢？依如下之說明稍微下一點工夫即可了解了。

首先，問一個相當簡單的問題「1000是10的幾次方呢？」

$$1000 = 10 \times 10 \times 10 = 10^3$$

答案是「3次方」，如前述在10的右上方寫著小小的3稱為「指數」。

接著研究「求從入口進來的數為10的幾次方，而讓指數從出口出來」的裝置。

根據上例，便可視為「由入口進來1000，從出口出去指數3」的意思。

現在以下圖箱子的圖形表示此種裝置。

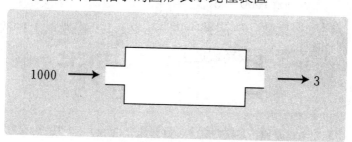

假設將上述的裝置取名為「飛出指數的箱子」。

那麼，在箱子內放入100，因100 = 10²，故飛出2。

現在將「飛出指數的箱子」如下例一般以

　　　　「指數（　　）」

之記號表示，因為指數經常由箱子的出口出去。

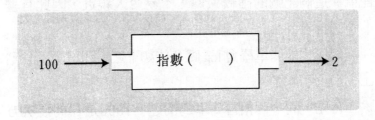

接下來省略箱子的圖，將上例寫成

　　　　指數（100）= 2

括弧的記號視為入口的表示。

再來以最先的例子來說明。

被詢問「1000是10的幾次方？」答「3次方」即可。

可表示為

　　　　指數（1000）= 3

將上式的記號改成

　　　　log 1000 = 3

至於「指數」的記號，則為「log」，經過以上的說明，應該覺得log較為親近了。

沒有對數表如何求出
log2的值？

　　前面由1000 = 10³導出 log 1000 = 3 。這種情形下，3 被稱為「1000的常用對數」，或者更簡單地被稱為「1000的對數」。

　　詳細地說，3 的值稱為以「10為『底』的1000的對數」。

　　這裡將進一步說明所謂「底」為10的意思。

　　log 1000 = 3 ，更詳細地表示是

$$\log_{10} 1000 = 3$$

但一般都將log下方的小小字10予以省略，而稱10的底。

　　那麼 log 2 的值大概多少呢？如何計算呢？

　　在常用對數上

$$\log 1 = 0 ， \log 10 = 1 ， \log 100 = 2 ，$$
$$\log 1000 = 3 ， \cdots\cdots\cdots\cdots$$

因此，將對數的值取等間隔做成對應圖。

　　現在將 2 連成10次，得出1024，大約接近1000。

　　用圖形思考此一計算如下：

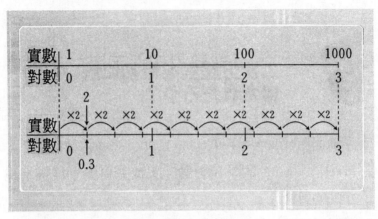

　　參考上圖可知對數的值是等間隔，所以 2 的對數，大約3÷10，即0.3。因此 $\log 2 = 0.30$

　　用電子計算機可求出

$$\log 2 = 0.301029995$$

用手計算也可求出比較的正確值。

第一個解開二次方程式的是何人？

二次方程式是，如

$$4x^2 + 8x + 1 = 0$$

由未知數 X 的二次式所形成的方程式。求出 x 的數值就稱爲「解二次方程式」，就好比揭開 x 先生的面紗呈現出眞實面貌來一般。

解開 x 先生的祕密有許多種方法，無論什麼情形，只要求出解答都可稱爲「解的公式」。

假設二次方程式

$$ax^2 + bx + c = 0，則$$

$$x = \frac{-b \pm \sqrt{b^2 - 4ac}}{2a}$$

便是「解的公式」。

前述的二次方程式裡，

$$a = 4，\quad b = 8，\quad c = 1，則$$

$$x = \frac{-8 \pm \sqrt{8^2 - 4 \times 4 \times 1}}{2 \times 4} = \frac{-8 \pm \sqrt{48}}{8}$$

$$= \frac{-8 \pm 4\sqrt{3}}{8} = \frac{-2 \pm \sqrt{3}}{2}$$

　　然而，最先引導出二次方程式之解法的人是誰？

　　二次方程式約在4000年前便被發現解法了。

　　西元前2000年左右，底格里斯河和幼發拉底河流域產生了古文明，這被稱為美索不達米亞地域裡，各位可能知道已有高度發達的數學了。

　　為何此地區的數學特別發達呢？

　　當時為了引進底格里斯河和幼發拉底河的河水到耕作地上，必須設置專用的渠道。為了設計渠道，計算渠道斜度或大小等的技術相當重要。

　　另外，底格里斯河和幼發拉底河每年在固定期間氾濫。洪水運來大量新的土壤，在河的兩岸沖積成適合耕作的農田，在不需肥料的狀況下便可生產農作物。

　　洪水造成底格里斯河與幼發拉底河的氾濫，雖然可以使農耕地土壤肥沃，但同時也破壞了農地的界線。

　　為了能儘快恢復境界線，測量土地形狀的計算技術勢必相當重要。

　　而且為了正確預測洪水時期，必須有正確的曆法才行。

　　正確的曆法之制定，必須了解太陽或月亮的位置之變化，星體的運行法則等。為了知悉這一切計算技術不可或缺。

　　因為這些理由使得古代的美索不達米亞有極其發達的高度數學。像這種洪水與計算技術的關係，在古代埃

及文明以及尼羅河也發生過。

後來美索不達米亞的遺跡逐漸出土，從記載著文字或數學的粘土板上可以知道當時的數學內容。

在粘土板上，便有關於二次方程式的解法之問題。

這已是4000年前的事了，最先解開二次方程式的人已不得而知。可是在4000年前便可以解開二次方程式的事實，令人相當驚訝！

第一個解開三次方程式的是何人？

二次方程式已在4000年前被解開。

那麼，三次方程式又是由誰首次解開的呢？

三次方程式的形式是 $ax^3 + bx^2 + cx + d = 0$，16世紀的義大利相當流行「解方程式比賽」，獲勝獎金很高，有許多的數學家便靠著獎金過活。

比賽中所提出的問題通常是解三次方程式、四次方程式，據稱參賽者往往有解答祕訣出場較勁。

$x^3 + ax = b$ 形式的三次方程式是由波洛尼亞的數學家希畢爾·費洛（AD1465～1526）所發現。他將該發現傳授給弟子費洛里日施。

當時，另有一綽號稱為塔塔里亞的數學家。

該數學家的本名是尼可羅·宏塔那（AD1499～1557），綽號的意思是「口吃」。有一說法稱他幼年時被士兵毆打耳光，留下無法自主說話的後遺症。

宏塔那家貧，關於數學除了自學之外別無他法。然而憑藉著努力的成果，他仍然能夠和費洛走向同一條路，而發現 $x^3 + ax = b$ 形式的三次方程式之解法。

自信滿滿的宏塔那要求與費洛里日施進行比賽，他

贏得勝利。

　　由於比賽的激勵，之後他又繼續研究，終於在1541年發現了三次方程式的一般解法。

　　另一方面，在義大利的米蘭（AD1501～1576）有另一個數學家卡爾塔諾。

　　他很想在解方程式的比賽中獲勝，所以必須知道三次方程式的一般解法。

　　因此，他找上宏塔那，並且保證「絕對遵守祕密」之下，學會了解法。

　　之後，卡爾塔諾擔任巴多巴大學的教授。1545年出版『magna』一書，書中他將宏塔那教給他的三次方程式之解法公布出來，並且以他首次之發現自居。

　　對於他的背信，宏塔那極度震怒，立即要求與卡爾塔諾進行解方程式的比賽。但出賽者並非卡爾塔諾，而是其弟子費拉利（AD1522～1560）。

　　費拉利具有數學天賦，年輕時便發現四次方程式的一般性解法，因此，那場比賽，費拉利獲得壓倒性的勝利。

　　數學歷史上，記錄三次方程式解法的發現者為卡爾塔諾，四次方程式解法的發現者是費拉利。

　　像三次方程式、四次方程式的解法競爭一般，當時數學家們自我本位的相互較勁相當激烈。卡爾塔諾另外以預言家著名，他預言「我自己將在1576年9月20日死

亡」，各位一定很好奇，結果到底如何？

　　的確如他的預言，他果真在當天死亡。但據稱是爲
了守住自己預言家的身分而「自殺」的。

如何算出電視的收視率？

在法國舉行的第１６屆世界杯足球大賽的第5天，日本在法國南部的 Toulose（土魯斯）面臨歷史性的首次戰役。對手是已有兩次冠軍經驗的阿根廷。日本雖然善戰，但仍然遺憾地以０－１敗北。

這場首役比賽，1998年６月14日晚上，NHK 綜合電視台進行實況轉播，當時的收視率相當高，關東地區為60.5％；名古屋地區為48.9％；關西地區為55.8％；北部九州地區則為55.0％，創下高收視率。

據表示該次收視率與1955年代的紅白大賽、東京奧運會女子排球、力道山摔跤的收視率並列。

電視的收視率，是如何計算出來的呢？

某節目的收視率代表全部電視的台數當中收看該節目的佔多少％的意思。以下列式子表示：

節目收視率＝(看該節目的台數)÷(全體的台數)

進行收視率的調查時，調查全國的收看節目是絕對不可能做到，假設真的進行調查，花費的時間太長久，以至於所計算出來的結果失去時效性，完全沒有意義

了。雖然如此，但收視率是相當重要的情報。

通常是選定一部分的家庭，只調查這些家庭的收看情形，而藉此去推算全部的傾向。該方法中，實際成爲調查對象者稱爲「抽樣」。

這種方法便稱爲「抽樣調查法」，收視率便是依照抽樣調查所得出的結果。

例如，某地區的電視機台數共有1500台，從中選擇500台。

調查這當中收視的狀況，其中132台收看該節目。故計算出

$$132 \div 500 = 0.264$$

由此推定全體的收視率爲26.4％。

抽樣調查法除了運用於電視節目的收視率之外，選情評估，內閣支持率，個人電腦或錄影機的普及率等也可加以應用，適合於分析社會中的各種現象時使用。

抽籤有「中」與「不中」，因此機率是0.5嗎？

彩券自古至今名氣都很旺，尤其年底除夕夜進行的彩券開獎更是瘋狂熱鬧。因為頭獎以及前後獎的獎金合計高達 1 億3000萬元。一旦中獎便可以一輩子不愁了。

如果從彩券一張的立場想，無非是「中」與「不中」兩種情況而已。

那麼認為「中獎機率 2 選 1，所以中獎機率為$\frac{1}{2}$，即0.5」的想法是否正確呢？

當然是不正確的。以年終的獎券而言，發行時以 1 千萬張為 1 單位，1 單位中頭獎有 4 張，所以

　　　　4張÷1000萬張

結果中頭獎的機率僅有0.0000004而已的低值。

機率到底有何差距呢？關於機率問題，我們將再詳細說明。

機率就好比抽獎一樣，均以「偶然的事件」為主的數學。

但是，雖然是偶然的事件，但仍可大別為兩種模式。

其一，例如在月台上突然遇到舊日情人，或者一不

小心踢到石頭而跌倒等之偶然。這類型的偶然是不可預測的偶然，如同魔術Ⅰ的偶然。

其二，則是可以預測的偶然，例如投出骰子出現1的情形；或者擲出硬幣出現正面的偶然。雖然這也是偶然，但此種偶然可經由多次實驗或觀察，而求出其中許多的規則或法則的偶然。這是魔術Ⅱ的偶然。

以機率為主的偶然便是魔術Ⅱ，一言以蔽之，即「偶然性大量現象的法則化」。

但是魔術Ⅰ的偶然和魔術Ⅱ的偶然並非沒有關係。

如以倒楣捲入交通事故的人而言，這是遇到魔術Ⅰ的偶然。

但就處理交通事故之賠償等為業務的保險公司而言，該交通事故仍屬於魔術Ⅱ的偶然。因為保險公司是從大量的保險加入者中計算出遭到事故的機率後，才決定保費或賠償金。

現在，讓我們再回到彩券的問題。

法律規定可發行彩券者為中央銀行或者政府指定的縣市政府。

這時政府或者地方政府是視彩券為魔術Ⅱ的偶然。政府或地方政府會大量地發行彩券，因此決定中獎金額時與機率有密切的關係。

例如，某人在不知有關彩券的任何情報之下，買回一張彩券，對他而言，結果不是中就是不中而已，因此

會認爲是魔術Ⅰ的偶然，故和機率無關。

　　但如果購買彩券的人熟知彩券的相關情報，則彩券也就成爲魔術Ⅱ的偶然，和機率有關了。

　　總之，關於彩券的機率和「發行機關」的資料相關連之下，才可能計算出來。

10 能把希望寄託在彩券上嗎？

日本年終彩券的頭獎金額為6000萬元，如果中獎的話……應該怎麼處理才好呢？眞令人無法想像！

如果中100萬元就十分幸運的了，20張或30張未中，但只要有任何一張抽中，那麼所有投下的成本都可一次回收。

可是，政府或地方政府往往將彩券收入投入充當國民住宅的興建或者教育設施的改良、道路或橋樑等建設的公共事務裡，因此，就購買彩券的人而言，「全體都損失」才是常態。

那麼，平均一張損失多少呢？

以下我們來計算購買一張時可回收多少錢呢？這方式是假定所有的彩券全部買下，而將合計總獎金÷彩券張數。

假設某年年終彩券一張賣300元，一單位的獎金如右。

頭獎	6,000萬元		4張
頭獎上下獎	3,500萬元		8張
頭獎附獎	10萬元		396張
2獎	1,000萬元		4張
3獎	100萬元		60張
4獎	10萬元		600張
5獎	1萬元		10,000張
6獎	3,000元		100,000張
7獎	300元		1,000,000張

根據前頁的表求出獎金總額為14億1960萬元。因此將此數額除以一單位的彩券張數，結果

$$1,419,600,000 \div 10,000,000 \doteqdot 142$$

表示平均一張彩券可分到約142元的獎金。

一張售價為300元

$$300 - 142 = 158$$

158元是出售者的利潤，即買方買一張損失158元。

每一張平均的回收金額稱為「期待值」，表示購回彩券者對彩券所投入之〞期待〞。

至於地方政府彩券是，假設一張100元，其分配金額大約如下：

中獎獎金⋯⋯⋯⋯⋯⋯⋯44元	
自治政府的收益利潤⋯⋯40元	
手續費⋯⋯⋯⋯⋯⋯⋯ 9元	
印刷、宣傳費⋯⋯⋯⋯⋯ 5元	
贊助活動⋯⋯⋯⋯⋯⋯⋯ 2元	

11 多層傳銷的結構如何？

「傳銷」手法的利益，如滾雪球一般不斷湧入，以不當手法欺騙顧客，這種違反商業道德的方式卻無法絕跡。

所謂的「傳銷」其結構到底如何呢？

1998年6月，某家販售健康食品的公司負責人因傳銷方式遭到逮捕，我們以該例說明。

根據警方的調查，被逮捕的負責人先向某一顧客徵收4000元的會員費，對方便成為會員，讓會員去銷售1萬6000元的健康食品，並且要求會員有義務完成一週內招攬兩人入會並參與販售商品。會員招攬新人成功，則以約定最高達十數萬元的介紹費為獎金。

利用該方式不斷地擴展下去，會員的人數以如下之方式暴增。

```
最初週……………… 1
1 週後……………… 1 + 2 = 3
2 週後……………… 1 + 2 + 4 = 7
3 週後……………… 1 + 2 + 4 + 8 = 15
4 週後……………… 1 + 2 + 4 + 8 + 16 = 31
5 週後……………… 1 + 2 + 4 + 8 + 16 + 32 = 63
6 週後……………… 1 + 2 + 4 + 8 + 16 + 32 + 64 = 127
```

其擴增方式寫成如下之增加法則後，將更清楚。

```
最初週‥‥‥‥‥‥1
1 週後‥‥‥‥‥‥3 ＝ 4 － 1 ＝ $2^2$ － 1
2 週後‥‥‥‥‥‥7 ＝ 8 － 1 ＝ $2^3$ － 1
3 週後‥‥‥‥‥‥ 15 ＝ 16 － 1 ＝ $2^4$ － 1
4 週後‥‥‥‥‥‥ 31 ＝ 32 － 1 ＝ $2^5$ － 1
5 週後‥‥‥‥‥‥ 63 ＝ 64 － 1 ＝ $2^6$ － 1
6 週後‥‥‥‥‥‥127 ＝128 － 1 ＝ $2^7$ － 1
```

8 週後達到2^9 － 1，共511人，會費達200萬元以上。

這家公司主要在東京及附近縣市以高中生為招攬對象。 4 個月的期間便募集了3500萬元，約200名高中生共付出980萬元的報酬，被害的學校超過300間，而被捲入此傳銷手法的學生約2000人。

為了消除只付出一些現金便可回收大筆現金的迷思幻想，必須了解該倍增的結構，並非人人都賺得到錢的原理才行。

12　sin 罪過深重是真的嗎？

查英文辭典可知「sin」有如下的意義：

　　　sin…道德、宗教上的罪、罪惡、違反、過失。

另外尚有

　　　sin…（數學用語）sine。

等等。

這裡採用數學用語上的 sin，但 sin 一出現，不少人便想「令人厭煩」！

對該記號過敏的人而言實在很奇妙，因為 sin 的確是害人不淺的記號。

可是若掌握該記號的意義，便可了解並不是太難。

接下來討論下圖。∠B 為直角三角形的直角。

三角形 ΔAOB 的 ∠AOB 為20度，OA 的長為1單位，高 AB 以

　　　Sin20°表示。

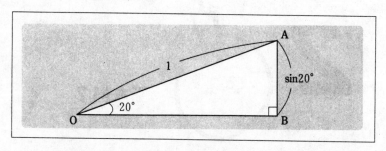

實際上寫直角三角形，測出高 AB 為

　　　Sin20°＝0.34

以下詳細說明該記號。

所謂 sin，表示直角三角形

「斜邊的長為 1 單位時的高」所以，sin 的記號可解釋為

「表示高度的某種裝置」，更可了解。

將此例以下圖的箱形圖思考。

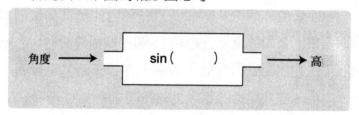

接下來，省略上圖的箱子圖，在入口用括弧的記號表示，寫成

　　　sin（20°）＝0.34

再省略括弧則變成

　　　sin20°＝0.34

sin 會出現在三角比的範圍，其他也會出現的記號為 Cos、Tan。

三角比是測量時不可或缺的內容，修建道路或建築物時，必須先進行測量。

出現三角比的記號雖害人不淺，但在此領域裡卻是很實用的數學。

13 能從金字塔算出 π 值嗎?

金字塔是西元前3000年左右,古代埃及所建的法老陵墓。金字塔有好幾個,其中以第四王朝庫夫法老的規模最大,也最知名。

金字塔由一個約2.5噸的石灰岩共230萬個砌積而成的四角錐,石頭的總重量約400萬噸。據稱建設時,包括切石工人在內平時約有數千人在工作,有時甚至動員5萬人以上,總共耗費20年以上的時間才完成。

金字塔到底祕藏著什麼數字呢?

首先看法老王庫夫的金字塔之結構圖,如下

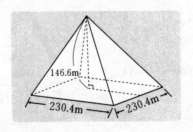

根據上圖的結構計算

$$2 \times (\text{底邊的長}) \div (\text{高})$$

結果,

$$2 \times 230.4 \div 146.6 \fallingdotseq 3.14 \cdots\cdots\cdots① $$

計算出大約接近圓周率 π 的值。

下圖以金字塔的高爲半徑畫出一圓形球。

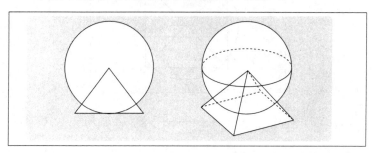

上圖球的「大圓」之周長。依求算圓周的公式如下

$$2 \times \pi \times 半徑$$

而

$$2 \times 3.14 \times 146.6 \cdots\cdots\cdots\cdots② $$

另外，②式的值，根據①式，

$$2 \times 3.14 \times 146.6$$
$$= 2 \times (2 \times 230.4 \div 146.6) \times 146.6$$
$$= 4 \times 230.4$$

表示金字塔的周長，因此可了解如下頁圖一般，球的大圓周的長和金字塔底面的周長相等。

根據這項結果，有人主張「古代埃及人已知地球是圓的」之如科幻小說般的意見。

也有一說表示算出圓周率 π 是因爲「古代埃及人利用車輪測量距離」，但詳情已不得而知了。

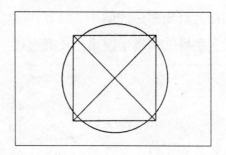

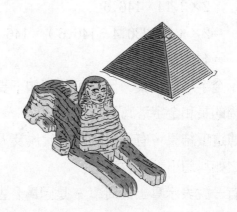

14 何謂「線性、非線性」?

在渾沌（Khaos）或者自我相似圖形（Fractal），以及較複雜的書本中，均會出現「線性」或「非線性的世界」之用詞。到底「線性、非線性」代表什麼意思呢？

會使用到線性及該名詞者有「線性空間」、「線性代數」「線性方程式」「線性計畫」「線性系」等，不僅使用於數學，也使用於經濟或工學等部門。

所謂線性，是某種現象或操作所具有的性質，其具體的意義在後述線圈的例子上將再說明，以公式表達其性質如下

$$f(a+b) = f(a) + (b) \cdots\cdots\cdots①$$

$$f(ma) = mf(a) \cdots\cdots\cdots\cdots②$$

上述的式子①及②，各可改稱為「加法被保存」「實數倍被保存」的說法。

將①與②更簡單地說明是

①→「加之後再操作與操作之後再加相同」，

②→「m 倍之後再操作，與操作之後再 m 倍相同」。

關於現象或操作，當上式的①、②條件成立時，該現象、操作稱為 "線性"。然而，不成立時便稱為 "非

線性 " 。

　　具有線性的代表例子是正比例之現象。正比例可以用一次函數表示，因此 " linear " 有時可翻譯 為 " 二次的 " 。

　　接下來舉實例來說明正比例。

　　如下圖將鐵絲捲成線圈狀。

　　為了計算出線圈的全部長度應如何處理呢？當然，將線圈拉直再用捲尺等加以測量即可求出長度。但是我們不用這個方法計算。

　　只要測量線圈的重量就可以了。

　　首先知道 1 公尺的鐵絲重50公克，則 1 公斤的鐵絲之長度為20公尺。因此鐵絲的重量與長度之關係，可以用下頁的正比例表示出來。

線圈的重量（kg）	0	1	2	3	4	5	6
線圈的長度（m）	0	20	40	60	80	100	120

參考上述的圖表便可了解，例如：

「6公斤的線圈之長度，是2公斤線圈之長度與4公斤線圈之長度的總和。」

「6公斤線圈的長度是2公斤線圈長度的3倍」。

假設藉由線圈的重量計算出的長度為 f，則

$$f(2+4) = f(2) + f(4) \quad\cdots\cdots\cdots\cdots\cdots ①$$

$$f(3 \times 2) = 3f(2) \quad\cdots\cdots\cdots\cdots\cdots\cdots ②$$

從線圈的重量求算長度的操作，有保存加法以及實數倍，所以稱為有線性。

另一方面，和平方正比例的現象，可以用二次函數表達，所以是非線性。

接下來介紹具體實例，例如圓的面積與半徑的平方成正比例，因此，將圓的半徑和面積的關係表列如下圖之二次函數表。

半徑（cm）	0	1	2	3	4	5	6
圓面積（cm²）	0	π	4π	9π	16π	25π	36π

參考上表可了解，例如：

「半徑 6 公分圓的面積，是半徑 2 公分圓的面積和半徑 4 公分圓的面積的總和。」

「半徑 6 公分圓的面積，是半徑 2 公分圓的面積之 3 倍」。

因此，可知圓的半徑與面積之間爲「加法和實數倍都不被保存」，因此平方比例現象爲非線性。

一般容易解讀爲「既然二次函數可預測到將來，故並非線性」然而，這是誤解了「線性」之義。

具有線性的在經濟現象或自然現象中常找得到，當然也看得到非線性現象。

可是在非線性現象上卻以某種方法予以線性化的線性分析。這是因爲人類的思考傾向於線性思考。

例如，常犯的錯誤有

$$(a+b)^2 = a^2 + b^2$$

經常犯這種錯誤的原因是，因爲人類思考模式傾向於線性操作。

如前述的混沌現象也是非線性之一。

表示如函數一般的決定論的現象中，也會出現偶發的現象，但卻會發生不可能預測的意義。

如此，在混沌現象的分析中，我們也便以線性來解答。

由於如此，線性現象才那麼受人矚目。

⑥
原來如此！
我更了解自然科學了！

橢圓的焦點是 2 個，可是太陽系的焦點只有一個？

地球、火星、木星等在太陽的周圍運行橢圓運動，但是數學課程上教導橢圓的焦點有「兩個」。可是實際進行橢圓運動的太陽系卻只有一個焦點，即太陽而已，這是怎麼回事呢？

要描出一個橢圓圖形不難，只要準備 2 個圓釘、線，以及紙筆就可以馬上畫出。

首先在板上放紙張，用圖釘固定 2 個地方，接下來將線結成圈形，如下圖般掛在 2 個圖釘上，一邊壓緊線一邊畫，那麼就可畫出美麗的橢圓。

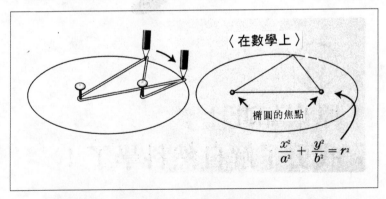

〈在數學上〉

橢圓的焦點

$$\frac{x^2}{a^2} + \frac{y^2}{b^2} = r^2$$

使用圖釘固定下來的 2 個點，便是橢圓的焦點。

最先發現「行星皆以太陽爲其唯一焦點進行橢圓軌

道」的人，是1571年出生於德國的開普勒（AD1571～1630）。

　　前面曾說過「橢圓有2個焦點」，但開普勒的第一法則認為太陽為唯一的焦點。

　　為什麼橢圓的焦點有2個，可是成為橢圓軌道的太陽系卻只有太陽一個焦點呢？

　　曾令人感覺在另一邊除了太陽之外，另有一個焦點一般，但遺憾的是什麼都沒有。

　　在另一個焦點上只有位置的意義而已，事實上並沒有任何的東西。

　　為了證明此一法則，開普勒特地觀察火星與地球的軌道，熱衷地計算軌道。

　　在辛苦的觀測之下，他發現火星或地球的軌道並非以太陽為中心的圓，而大約呈現出橢圓，同時，也發現太陽經常都是位於橢圓的焦點位置上。

　　但最後證明開普勒的法則，提出引力之說的人是牛頓，他以微分積分的方式證明出來。

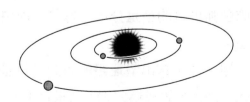

2 1等星與2等星的差異何在？

抬頭看冬夜的星空，可看到包括天狼星、獵戶座等所展開的冬季大三角等的星光。

由於亮度不同，被稱為 1 等星、 2 等星、 3 等星……等等，但如何看也不明白「 2 倍、 3 倍」的明度有何不同。何況在「所謂2.5等星」裡，這些等級是如何劃分出來的？令人深感疑惑。

到底星球外觀的明度是如何被規定下來的呢？

設若星星的亮度，即使在遠離地球的情況下光度仍舊很強，那麼其本身的亮度就很高；相反地，即使距離很近，但光的強度小，則其本身亮度較低。

即星星的亮度是根據該顆星本來的光度，與地球的距離來決定。

歷史上首次定下星星亮度的等級者，為希臘的天文學家希帕爾克斯（ BC160左右～BC125 ）。他把亮度分為 6 等級，將肉眼勉強可見的星星分成 6 等星。而將最亮的星視為 1 等星。

其後發明了望遠鏡，藉由望遠鏡所看到的星星亮度也需要加以分級，因此，等級擴大到 6 等級以上。

同時，聽說可以用肉眼看到的星星數目，大約有300
0個。

隨著科學的發展，星星的等級已可以明確依其數值
規定出來。

一等星到六等星共有 5 個間隔，同時2.51連乘 5
次，大約有100。

以下將等級與光的強度之關係如下圖表示。

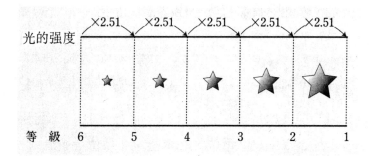

歸納以上說明

「 1 等星的亮度為 2 等星的2.51倍 」

隨著亮度2.51倍，等級也變成另一階段。至於比 1
等星更亮的星為 0 等星，又更亮者為－1等星。如金星是
相當亮的星，為－4.7等星。

看到的感覺也有設定法則是真的嗎？

耶誕夜，小孩將蛋糕上的蠟燭點亮，周圍一片黑暗。蠟燭有1枝、2枝、3枝、4枝……。當然亮度也隨著增加爲2倍、3倍、4倍……才對。

可是，人的眼睛卻感覺不出2倍、3倍、4倍的亮度。

那麼如何感覺呢？

當只有1根蠟燭時，人的眼睛只感覺1單位。若蠟燭以2倍的程度增加爲2枝、4枝、8枝、16枝，可感覺到各增加1單位之2單位、3單位、4單位一般。

將實驗用圖表表示。

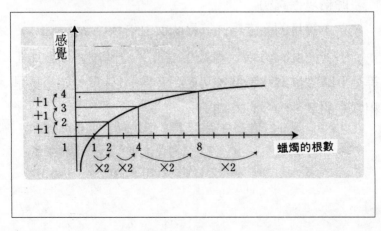

我們再舉一實例。

舉辦大型活動時，常進行飛機的特技表演。

若只有一架飛機時，飛機飛行的聲音，人的耳朵可感覺1單位。當飛機以2倍的程度增為2架、4架、8架時，人的耳朵可感到2單位、3單位、4單位等地逐漸增加一單位。

人類所感到的音量強度和大小的單位是＂分貝＂例如，在交通量大的十字路口，可以看到「現在噪音為80分貝」之告示。

這是根據人的耳朵所能聽到的最低水平音為基準所設定的，這基準的10倍、100倍、1000倍的音量，便現定為10分貝、20分貝、30分貝。

主張人的感覺與刺激的強弱有法則的，是德國心理學家 Fechner（費希納）（AD1801～1887）。

他的學說主張「以一定倍率的變化進行刺激，感覺將以1單位的程度逐漸增加」。

將該學說以數學表現則為「人類的感覺和刺激的對數成比例」。另外，前頁圖表便是「對數」的圖表。

在此，我們勉強地將「樂趣」也當作感覺的一種加以說明。

例如，買一張彩券時其中獎的樂趣為1單位。

然後，比較各買2張與4張時的情形。這時中獎的快樂會增加2倍嗎？

我問過許多人，都回答不會增加 2 倍。

「買 8 張時，快樂會增加 2 倍嗎？」

「嗯，買那麼多，快樂應可增加 2 倍。」他們如此回答。

但無論如何，感覺與數學有密切關係的學說相當有趣。

震度的震級
有何不同？

住在地震地帶的人常常聽到震度與震級的名稱，但知道兩者的差別者不多。同時也不知道震級差 1 度時，大小的差距程度有多少。

1995年 1 月17日以日本兵庫縣南部為震央的阪神。淡路大地震，至今令人記憶猶新，想忘也忘不了。

關於阪神、淡路地區的大地震，日本氣象局宣稱「震度7」「震級7.4」。至於大正12年（1923年）9月1日發生的關東大地震，「震度6」「震級7.9」。

其實震度與震級便如前項所說，人的感覺與刺激的關係一般。

首先，「震級」表示地震本身的大小之單位。所謂震級，即表示因地震所引起的能量之總量。

例如，「震級 6 的大地震，具有相當轟炸廣島的一顆原子彈之能量」。

另一方面，「震度」是依地面搖晃的程度，建築物蒙受損害為標準所設定的等級。

例如，震度 3 的規定為「房屋搖晃、窗戶、紙門鳴動，電燈落地、容器內的水面晃動等可見之程度」。即

用來表示人所感覺到的搖晃程度。

前述阪神、淡路大地震的「震度 7 」又稱為「劇震」，其規定為「30％以上的房屋倒塌，山崩地裂，相當嚴重的程度」。

由於以上的說明可知「震級是將地震的規模分為等級」，「震度是將某地點的搖晃大小分出等級」。

即使同樣發生震級 6 的地震，離震央160公里處以及50公里處，其地面的搖晃（震度）完全不同。就人的刺激與感覺而言，震級對應刺激，震度對應感覺。

關於震級，以下再詳細說明。

震級是地震的能量，其量很強大，以8×10^{20} erg 的數值表達。

下面將能量和震級的數值關係用圖表示如下：

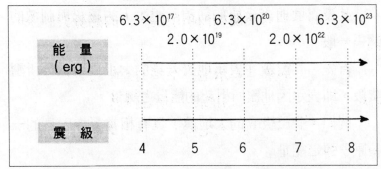

依據上圖，震級 6 與 4 的地震，身體感覺的程度差距約1.5倍。可是就地震的能量而言，差距約1000倍。

地震何時來襲無法確知，為了防範萬一，必須有對應大地震的方策，同時也必須知道地震的數量才行。

5

何謂 「伽瓦利埃原理」？

　　關於圖形的面積或體積的原理，是「伽瓦利埃原理」。前面已有介紹過。

　　該原理是「在兩條平行線間的 2 個圖形，如果以相同的高度所切開的長相等時，則圖形的面積也相等。

　　現在用與底邊平行的線將梯形分割成無數個，將分割線移動看看，剛好將竹簾狀的梯形移向側邊。

　　因此將出現下圖般的情形，可是移動之後，任何圖形的面積和梯形的面積相等，這是關於面積的「伽瓦利埃原理」的具體實例。

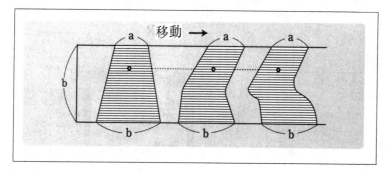

　　現在以平行四邊形和長方形的面積為例，再一次地說明此原理。

　　假設平行四邊形的面積是底邊長 a、高 b，a×b；另

一方面，長方形的面積是長 a、高 b，a×b。

　　總之，各平行四邊形與長方形的面積相同。如下圖一般將竹簾狀的長方形橫向移動做成平行四邊形，再利用「伽瓦利埃原理」的方式計算。

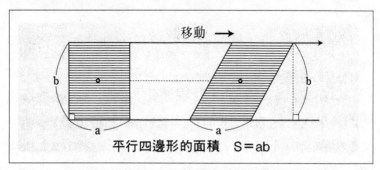

平行四邊形的面積　S＝ab

　　為了確認以上的說明，有很簡單的方法。

　　即準備一枚信封，如〈圖 1 〉斜切，信封內放入相同形狀的厚紙，假定信封的寬為 b，信封中的厚紙如〈圖 2 〉般拉出 a 部分。

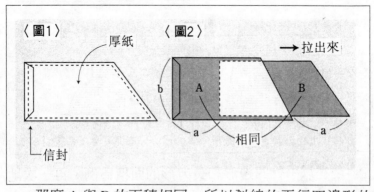

　　那麼 A 與 B 的面積相同，所以斜線的平行四邊形的面積 B 和長方形 A 的面積相同，B 的面積以 a×b 表示。

　　由平面面積擴張成立體面積時，「伽瓦利埃原理」也可成立。立體圖形的情形爲：

　　「在 2 個立體圖形上，被同高度所切開的面之面積相等時，則兩立體圖形的體積相等」。

　　伽瓦利埃是 1 7 世紀義大利的數學家，他的研究被歸納爲「不可分量的幾何學」。

　　伽瓦利埃是伽利略的學生，曾任波洛尼亞大學的敎授，他繼承了伽利略的數學概念，其學問之形態爲「不可分量的幾何學」。所謂不可分量，指的是點、線、面的意思，他主張「點移動線、線移動平面、面平行移動形成立體」。

　　然而他的學說受到多方質疑，即「面本來就沒有寬度，旣然沒有寬度集合在一起，也不會是立體」，因此被斥爲「胡說八道」。

　　可是這些爭論卻刺激了後來微分積分學的發現，因爲之後，牛頓、萊布尼茲促使了微分積分的誕生，以微分積分才能完全求出曲線圖形的面積。表示伽瓦利埃的學說是開啓微積分學的一把鑰匙。

「微分」、「微分係數」、
「導函數」有何差異？

　　向與數學相隔遙遠的上班族問道：

　　「還記得微分、積分嗎？」

　　「不斷地計算令人厭煩。」

　　「要求微分、求算導函數，或者微分係數等，一串
名字雷同的名詞頻頻出現，一片混亂」，等等不愉快的
印象聲浪較多。

　　其中最麻煩的是區別「微分、導函數、微分係數」
的差異。似乎是同一種事物在變換名詞罷了，令人頭昏
腦脹。

　　理解微分、積分最容易的方式是，以速度和行走距
離的關係來思考，因為現代的交通很發達，交通工具便
在生活周遭，因此，速度和行走距離是日常最熟悉的課
題。

　　現在假設有乘車工具，行走 x 秒間移動的距離為 y
公尺，那麼 x 與 y 間有

$$y = x^2$$

之關係。即 x 為

　　0, 1, 2, 3, 4, 5, 6,…………

時，y 爲

　　　　0, 1, 4, 9, 16, 25, 36,…………

　接下來討論交通工具行進3秒的速度，即求秒速。

　求算速度的公式爲：

　　　　速度＝行進距離÷時間

可是使用該公式

　　　　9 ÷ 3 ＝ 3

求出秒速 3 公尺是錯誤的。因爲該公式是假設交通工具是以相同的速度前進爲前提條件時才使用。

　但是，必須求算出速度時，因此我們假設在短時間之內，交通工具皆以相同的速度移動。

　現假設短時間爲

　　　　3秒～3.01秒之間

　則0.01秒間所前進的距離是

　　　　$3.01^2 - 3^2 = 9.0601 - 9 = 0.601$公尺

因此，以該公式求算速度爲

　　　　$0.601 ÷ 0.01 = 6.01$

　利用該方式求出的值被稱爲 3 秒至3.01秒間的平均速度。

　接下來，爲了使經過時間更短，捨棄 $x = 3$ 至 $x = 3.01$的想法，而假設 $x = 3$ 至 $x = 3 + h$，h爲

　　　　0.01, 0.001, 0.0001,……………

令 h 值愈來愈小。

以此想法求算 $x = 3$ 至 $x = 3 + h$ 的平均速度如下
h 秒間前進的距離是

$$（3 + h）^2 - 3^2 = 9 + 6h + h^2 - 9 = 6h + h^2$$

因此，平均速度是

$$（6h + h^2）\div h = 6 + h$$

因為 h 值愈來愈小，其平均速度也因此愈接近秒速 6 公尺。該值成為行進之後經 3 秒的行進秒速。

秒速 6 公尺的值是 $x = 3$ 時的「瞬間速度」。

總之，要正確掌握交通工具的前進速度，只求平均速度是不夠的，因此才考慮瞬間速度。

接下來，探討交通工具在 x 秒後的瞬間速度如何表示。

方法是先求算出 x 秒到（$x + h$）秒的平均速度。h 秒間前進的距離為

$$（x + h）^2 - x^2 = x^2 + 2xh + h^2 - x^2 = 2xh + h^2，$$

因此，平均速度為

$$（2xh + h^2）\div h = 2x + h$$

h 逐漸變小，所以其平均速度也逐漸接近 $2x$，故可獲得 x 秒後的瞬間速度以 $2x$ 表示。

$2x$ 在於 $y = x^2$ 時，成為表示 x 秒後的瞬間速度之函數，經常寫成

$$y' = 2x。$$

求 y 時，假設 $x = 5$，表示 5 秒時的瞬間速度為

$2 \times 5 = 10$

可馬上計算出秒速10公尺。

前面所叙述的，便是「微分、導函數、微分係數」的一般性表現。

首先，將表示 x 秒後的瞬間速度的函數 $y' = 2x$，稱爲函數 $y = x^2$ 的「導函數」。

至於求算「導函數」，稱爲「微分」函數。

將瞬間速度加以一般化，即爲「微分係數」，歸納以上，如下：

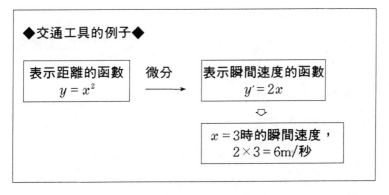

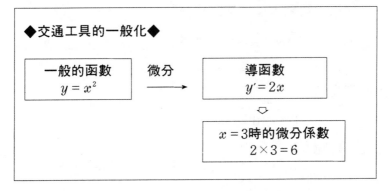

如何才能實際感受到地球的大小？

　　浩瀚的宇宙中地球是一顆翠綠發亮的水球體。海與陸地的比率大約爲7：3，在海洋中經過漫長的化學變化，許多的生命被孕育而成。

　　這些衆多生物所居住的地球，到底有多大呢？

　　連結地球的兩極的直徑大約爲1萬2700公里。即

　　　　12700公里

　　以指數來表示龐大的數字較爲方便，我們便以此來想像一下地球的大小。

　　指數如10^3、10^4等在數字的右上方書寫著小小的數字，各自代表的意義如下

$$10^3 = 10 \times 10 \times 10 = 1000$$

$$10^4 = 10 \times 10 \times 10 \times 10 = 10000$$

　　利用指數來表達地球的直徑是

$$12700 = 1.27 \times 10000$$

$$= 1.27 \times 10^4$$

因此可表示

　　　　1.27×10^4公里

如此，將龐大的數字以

　　　　個位數$\times 10^n$

表示，旣簡單又方便。

在這個表示的方法中，個位數便稱爲「測定的有效數字」，就地球的直徑爲例，表示由上算起第 3 位值得信任。

至於地球的大小，可用指數表示如下：

◆地球的體積……………1.08×10^{12}立方公里
◆地球的表面積…………5.10×10^{8}平方公里
◆地球的重量……………5.97×10^{24}公斤

爲了實際感受到地球之大，若能有比較的對象則較爲容易，因此讓太陽登場。

比較太陽與地球。

太陽的直徑以公里爲單位表示，大約是

　　　1.39×10^{9}公尺

同時，太陽與地球之間的距離爲

　　　1.50×10^{11}公尺

但即使列出這個數值來，想像的世界太大了，仍然無法想像其大小。

因此將各數值縮小一億分之一倍。即將各數除以10^{8}，那麼，太陽與地球相對之間的大小或位置關係也較容易了解。

接下來，討論擁有指數的數之除法。如

$$10^3 \div 10^5 \qquad\qquad 10^5 \div 10^3$$

其方式是先改變成分數再約分,各成為

$$10^3 \div 10^5 = \frac{10^3}{10^5} = \frac{10 \times 10 \times 10}{10 \times 10 \times 10 \times 10 \times 10} = \frac{1}{10^{5-3}} = \frac{1}{10^2}$$

$$10^5 \div 10^3 = \frac{10^5}{10^3} = \frac{10 \times 10 \times 10 \times 10 \times 10}{10 \times 10 \times 10} = 10^{5-3} = 10^2$$

現在利用除法將太陽與地球的距離,以及各自的直徑縮小一億分之一。結果如下:

◆**太陽的直徑**

$$1.39 \times 10^9 \div 10^8 = 1.39 \times 10 \text{公尺}$$

◆**太陽與地球間的距離**

$$1.50 \times 10^{11} \div 10^8 = 1.5 \times 10^3 \text{公尺}$$

◆**地球的直徑**

$$1.27 \times 10^7 \div 10^8 = \frac{1.27}{10} \text{公尺}$$

將各自的數值縮小一億分之一,地球便成為壘球一般大小。太陽則成為可放入 2 層房屋大的球。

依據縮小比例計算,地球距離太陽約1500公里處依軌道繞行。

如此般無法實際感到的大世界,利用縮小比例置換成我們身邊周遭的事物,那麼,其相對的大小便可明確感受到,如我們可以感受到地球的龐大。

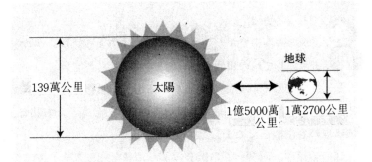

阿基米德如何求出 球的體積？

　　阿基米德是紀元前287年左右，出生於西西里島的 Siracusa天才數學家，幼小時由其父親教育，青年時代 到亞歷山大留學，研究應用與理論兩方面的學問，對於 發明機械也相當熱衷。

　　在數學方面，著重研究由曲線圍成的平面圖形之面 積，以及由曲面圍成的立體之表面積或體積。尤其是圓 與球的研究。

　　若半徑 r 的圓球其表面積為 S，體積為 V， 則

$$S = 4\pi r^2 \qquad V = \frac{3}{4}\pi r^3$$

而證明該公式成立的人便是阿基米德。他到底是如 何證明的呢？

　　首先，求球的表面積以下頁圖 1 ，削蘋果皮的方式 探討球的表面積。

　　計算削下來的蘋果皮的面積後再全部加起來。再來 是讓皮的寬度愈來愈小。利用這些方法他求出了球的表 面積。

　　球的體積，如下頁的圖 2 般將球削成薄片，計算如 圓盤狀的薄片之體積，之後全部的圓盤薄片之體積相

加。

　　接著，讓圓盤的厚度愈來愈小，以此方法求出球的體積。

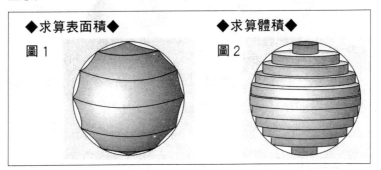

　　在此，我們對於半徑 r 的球之表面積與體積探討相關之圖形。

　　首先，半徑 r 的球之表面積如下圖，和半徑為2r 的圓面積相等。

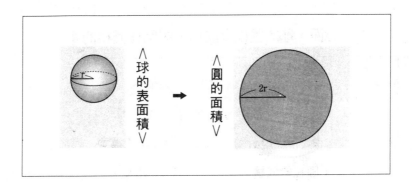

　　同時半徑 r 的球之體積是底面的半徑為 r，高為 r 的圓錐體積的 4 倍

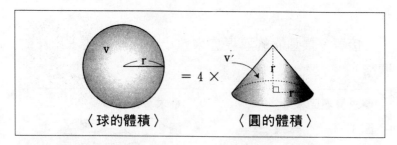

接下來,討論球及其他球可剛好被收容的圓柱。那麼,球的表面積如下圖,和圓柱的側面積相等。

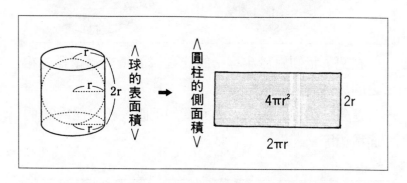

另一方面,球的體積會成為上圖圓柱體積的$\frac{2}{3}$。

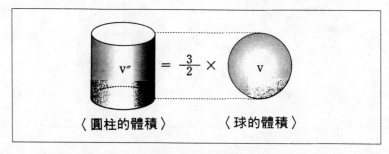

為了證明必須準備球與圓柱狀的容器(參考下頁的圖)。準備好之後,在圓柱的容器內裝滿水,將球押入

水中。溢出的水倒掉。

最後取出球，測量水位的高度，可知剩下原先量的
$\frac{1}{3}$。也表示可確認球的體積爲圓柱體積的$\frac{2}{3}$。

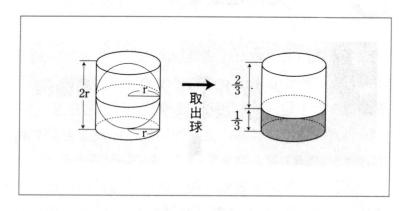

阿基米德後來在戰爭中遭羅馬軍殺害。爲了惋惜及
紀念其事蹟，在其墓碑上刻有球與圓柱圖形。

9 雞尾酒杯中形成的曲線是何種曲線？

喝雞尾酒之前將酒杯略微傾斜……。如此可以營造出「行家」的感覺。至於傾斜之後的酒面與酒杯形成某種曲線。圖 1 是圓形，但傾斜之後形成圖 2 的曲線。

再逐漸地予以傾斜之後，則酒杯中的曲線變成如何呢？

傾斜圓錐形的雞尾酒杯後，酒杯與酒面所形成的曲線稱爲「橢圓」曲線。橢圓的圓屬細長形，又稱爲長圓。

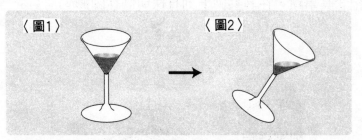

〈圖1〉　　　〈圖2〉

將圓柱形的物體斜切之後便可以形成橢圓，因此將紅蘿蔔斜切，切口面便成爲橢圓。

提到橢圓，繞行太陽的行星軌道便是。水星、金星、地球等都是以太陽

為中心描繪著橢圓形。

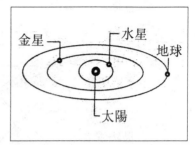

話說回來，將酒杯傾斜，酒可能會流出來。

因此以水代替酒，如圖 a 的方式握著。那麼就會形成被稱為拋物線的曲線。

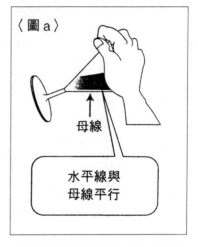

〈圖 a〉

母線

水平線與
母線平行

再傾斜，便如圖 b，形成雙曲線的曲線。

將杯形視為正確的圓形，切圓錐看看。其切口如圖 C 一般，形成各式的曲線出來。

一般而言切圓錐時，將其切口出現的四個曲線總稱為「圓錐線」。即圓錐曲線共有圓、橢圓、拋物線、雙曲線四種。

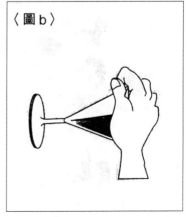

〈圖 b〉

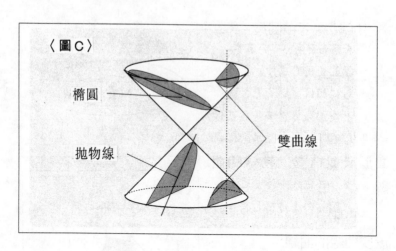

〈圖C〉

橢圓

拋物線

雙曲線

Column

為何需要近似值計算呢？

通常數學所提出的問題都會有解答。由於確實可解，因此被認為利用展開式等的近似計算，不被認同，但事實並非如此。

將有包含導函數等的式子去掉「導函數的部分」之過程（即結果、積分）稱為「解微分方程式」，但是在數學教科書中的問題可獲得解答，日常生活中不易解答的問題卻很多。

微分方程式的代表有波動方程式，熱傳導方程式等，但微分方程式不能如此簡單解答。此情形，活用使複雜的微分方程式近似為簡單形式的近似式，即所謂的展開式、牛頓法、二分法等，至於實際的近似計算利用電腦操作。

近似計算搭配電腦是形同連體嬰的實用數學。

⑦

謎與遊戲的數學

魔術方陣
是如何製成的？

　　魔術方陣如何做出的，所謂的矩陣是將自然數放入正方形的小格子內，使縱、橫、斜的任何一列之數字和相等的形式。因此，魔術方陣具有魔法般的神祕。

　　在魔術方陣上，1列有3個格子者稱為3方陣；4個為4方陣；5個為5方陣。

　　將各魔術方陣表示如下圖：

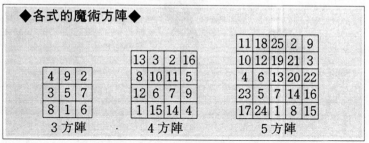

◆各式的魔術方陣◆

3方陣	4方陣	5方陣
4 9 2	13 3 2 16	11 18 25 2 9
3 5 7	8 10 11 5	10 12 19 21 3
8 1 6	12 6 7 9	4 6 13 20 22
	1 15 14 4	23 5 7 14 16
		17 24 1 8 15

　　上方的魔術方陣，3方陣經過嘗試錯誤很容易做出。但4方陣、5方陣就不那麼簡單了。

　　有什麼方法呢？

　　關於奇數方陣的做法有好幾種，其中有一非常巧妙的方式。

　　以5方陣為例，說明與上圖不同的5方陣之做法。

　　首先在下圖1的中央做出『5×5』的格子，圍著格

子四周各自做 4 組同樣的格子。而將 1 到25的數字在 5
個區域內斜向排列寫出。

　　接著，將各邊上的 4 個格子平行移動，與中央的格
子重疊。將可完成圖 2 的 5 方陣。

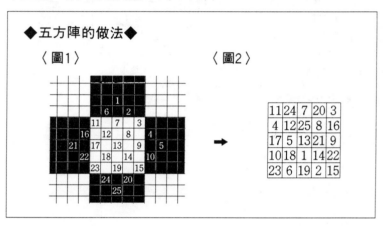

◆**五方陣的做法**◆

〈圖1〉　　　　　　　　　〈圖2〉

11	24	7	20	3
4	12	25	8	16
17	5	13	21	9
10	18	1	14	22
23	6	19	2	15

　　接著，製作偶數的魔術方陣。並沒有和製作奇數的
魔術方陣相同的作法。一般而言，製作偶數的魔術方陣
較難。

　　但，4 方陣有如下式的作法。

　　首先如下頁圖放入網目的部分做成黑白相間的方格
圖案。在黑白相間的圖案之後，從左下角橫向排 1、
2、3、4 之數字，只在有網目的格子上寫數字，在白
色格子上不可寫數字。

　　接下來，在右上角朝左寫上 1、2、3、4，但只
在白格子裡寫而已。那麼便可完成 4 方陣。

　　你可以如此迅速完成，相信可令周遭的人相當訝

異。

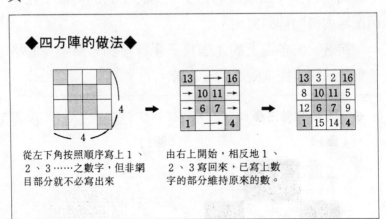

◆四方陣的做法◆

從左下角按照順序寫上 1、
2、3……之數字，但非網
目部分就不必寫出來

由右上開始，相反地 1、
2、3 寫回來，已寫上數
字的部分維持原來的數。

猜數字遊戲有何訣竅？

　　晚飯後的片刻和小孩一起做「猜數字遊戲」，相當愉快。

　　此遊戲是猜對方的數字或猜對方計算出來的數字，可稱為「數字的魔術」。開始吧！

　　首先向小孩說「你不要讓我看到，在紙上寫 2 位數」。但規定個位數和十位數的數字不能相同。

　　決定 2 位數之後說：

　　「接下來，寫出十位數字和個位數互換後的數出來，然後比較 2 數的大小。大數減掉小數。答案不要讓我看到，開始做看看，計算完就結束。」

　　然後在計算出來的答案的 2 位數字當中，聽聽其中一方的數字為何。

　　小孩回答說：「爸！是 2。」

　　那麼，你便能立刻猜出：

　　「另一個數字 7」。假設小孩說是 5，便可立即猜出另一個數為 4。

　　到底這數字的魔術裡有何訣竅呢？

　　其實小孩說 2 時，從 9 減掉 2 回答 7，5 時則從 9

減掉 5，回答 4 即可。

　　現在再任寫一個 2 位數，再將該數的十位數和個位數互換，將大的數減掉小的數，其答案中的十位數和個位數的和經常爲 9，例如：

$$
\begin{array}{r} 72 \\ -\ 27 \\ \hline 45 \end{array}
\qquad
\begin{array}{r} 84 \\ -\ 48 \\ \hline 36 \end{array}
\qquad
\begin{array}{r} 91 \\ -\ 19 \\ \hline 72 \end{array}
$$

　　現在我們來解開其中的祕密。

　　我們假設最初的 2 位數中的十位數爲 x，個位數爲 y。則該數爲

　　　　$x \times 10 + y$。

　　接下來必須花點功夫，假設 $x > y$，因此要考慮到個位數的減法必須借10，則原先的數爲

　　　　（$x - 1$）$\times 10 + y + 10$ ……………… ①

　　另一方面，將十位數和個位數互換，

　　　　$y \times 10 + x$ ……………………………… ②

　　①式減掉②式。那麼，其差爲

　　　　（$x - 1 - y$）$\times 10 +$（$y + 10 - x$）

再加結果中的十位數和個位數相加，x 與 y 互相抵銷，答案爲 9。

　　同樣的數字遊戲可變成 3 位數的魔術。

　　首先讓小孩在紙上寫出任何一三位數字。但百位與

個位數字不能相同。

接著將此數逆向重排，比較兩者大的數減掉小的數，答案計算出來，再將答案逆向排出，接著將兩者相加。計算到此。

然後向小孩宣布：「我現在要說出你計算出來的答案哦！」

「1089」

其實在此方式計算出的最後答案必定是1089。

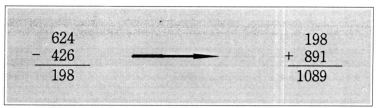

說明其中祕訣如同 2 位數一樣。

首先設三位數的百位數為 x，十位數為 y，個位數為 z。則該數為

$$x \times 10^2 + y \times 10 + z$$

此時，設 $x > z$，與 2 位數的情形相同，考慮百位數和十位數進行減算時需借10，則最初的數為

$$(x-1) \times 10^2 + (y-1) \times 10 + z + 100 + 10$$

將該式改寫成

$$(x-1) \times 10^2 + (y+10-1) \times 10 + (z+10) \quad \cdots ③$$

另外，十位數與個位數調換

$$z \times 10^2 + y \times 10 + x \quad \cdots\cdots\cdots\cdots\cdots\cdots ④$$

從③減掉④，得

$$(\, x - 1 - z \,) \times 10^2 + 9 \times 10 + (\, z + 10 - x \,) \quad \cdots \text{⑤}$$

再將⑤式的百位和個位數調換，得出

$$(\, z + 10 - x \,) \times 10^2 + 9 \times 10 + (\, x - 1 - z \,) \quad \cdots \text{⑥}$$

然而，將⑤⑥相加，x 與 z 抵銷，

$$(\, 10 - 1 \,) \times 10^2 + 9 \times 10 + 9 \times 10 + (\, 10 - 1 \,) = 1089$$

可確定答案必定為1089。

剪貼就能夠實際感受到 無理數的真實嗎？

$\sqrt{2}$、$\sqrt{3}$、$\sqrt{5}$ 等無理數，在一般的量尺上並未畫出其刻度。再加以無理數的名詞聽起來就似乎很複雜的樣子。

像這樣較屬陌生的無理數，我們如何感受到呢？

要實際感受到無理數，實際地做出無理數最簡單。

首先如猜謎一般考慮自己做出無理數的方法。

假設有一10平方公分的正方形，設其邊長爲 x，則

$$x^2 = 10$$

因 $x > 0$，故

$$x = \sqrt{10}$$

即 $\sqrt{10}$ 是面積爲10平方公分的正方形之一邊的長。

一般而言，$\sqrt{a}$ 的數即面積 a 的正方形之一邊的長（參考右圖）。

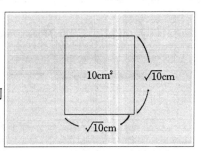

接下來，做做 $\sqrt{2}$ 看看。

首先準備面積爲 1 的正方形摺紙 2 張。如下圖般，將正方形的對角線用剪刀剪開。將剪開後的 4 個部分互

相黏接,可做出面積為 2 的正方形。

　　因此,正方形的一邊長為√2。

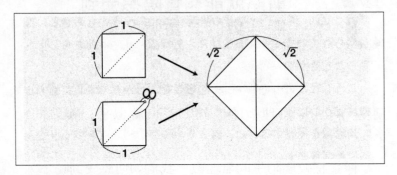

　　接下來做√5。

　　準備面積為 1 的正方形摺紙 5 張,排成如下圖,剪開圖上的虛線,再互相黏合後,可完成面積為 5 的正方形。

　　如此,正方形一邊的長為√5。

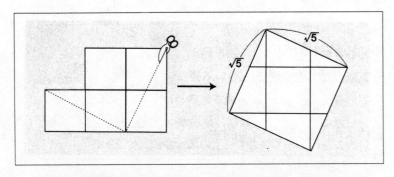

　　√3 也以相同的方式做出。使用面積為 1 的正方形摺紙 3 張做出。

　　但若想以做√2 的正方形之方式做出√3 則較困難。

　　首先，將 2 張摺紙做成 $\sqrt{2}$ 的正方形，另一張則排成如下圖。

　　接下來，從右角邊畫上長度為 1 的點，如圖一般畫上虛線。剪開虛線部分重新組合，即完成面積為 3 的正方形，$\sqrt{3}$ 產生了。

　　利用這個方式，只要多準備幾張面積為 1 的正方形摺紙，便可做出各式各樣的無理數出來。

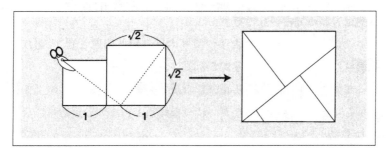

如何把十字形剪成正方形？

在圖形的猜謎當中，有稱爲「剪貼」的謎題。

此猜謎是將 1 個圖形剪開幾個部分，再適當地黏合起來，做成別的圖形出來的形式。

此方式與迷宮或魔術方陣一樣，歷史相當悠久。

和前項之動手做出無理數相關，我們將探討「剪貼謎題」。

首先，將前面積爲 1 的正方形摺紙 5 張，如下圖般剪開，再互相黏合成爲 1 個正方形。

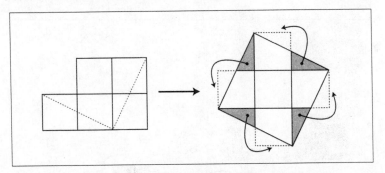

接著在上圖的正方形上剪開 4 個直角三角形，如下頁的圖 1 各自黏合起來，便可成爲十字形。

接下來，將圖 1 的十字形以另一種方式剪開，再還原成正方形的話該如何剪法呢？

其實方法有好幾種，以下是其中之一。

首先如圖 2 畫出 2 條通過十字形中心的直線。

然後沿著線剪開，如下圖分成四個圖形。接著黏合四個圖形，又再度變回正方形了。

這個方法最有趣的地方在於一連串的「剪貼猜謎」的過程中，會出現十字形與卍形。

十字形是基督教的象徵，自古即象徵自我犧牲、愛等之標誌而備受崇拜。

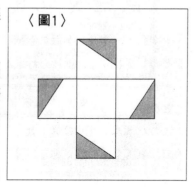

〈圖1〉

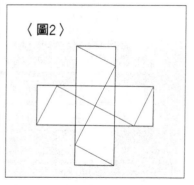

〈圖2〉

另一方面，卍形是象徵萬德，振示佛心之標語。

這種猜謎出現佛教與基督教的象徵，令人有東西交流的感受，相當有趣。

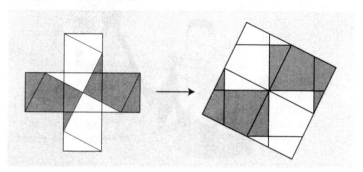

大展出版社有限公司
品冠文化出版社

圖書目錄

地址：台北市北投區(石牌)
致遠一路二段 12 巷 1 號
郵撥：01669551＜大展＞
19346241＜品冠＞

電話：(02) 28236031
28236033
28233123
傳真：(02) 28272069

・熱 門 新 知・品冠編號 67

1.	圖解基因與 DNA	（精）	中原英臣主編	230 元
2.	圖解人體的神奇	（精）	米山公啟主編	230 元
3.	圖解腦與心的構造	（精）	永田和哉主編	230 元
4.	圖解科學的神奇	（精）	鳥海光弘主編	230 元
5.	圖解數學的神奇	（精）	柳 谷 晃著	250 元
6.	圖解基因操作	（精）	海老原充主編	230 元
7.	圖解後基因組	（精）	才園哲人著	230 元
8.	圖解再生醫療的構造與未來		才園哲人著	230 元
9.	圖解保護身體的免疫構造		才園哲人著	230 元

・圍 棋 輕 鬆 學・品冠編號 68

1.	圍棋六日通	李曉佳編著	160 元

・生 活 廣 場・品冠編號 61

2.	366 天誕生星	李芳黛譯	280 元
3.	366 天誕生花與誕生石	李芳黛譯	280 元
4.	科學命相	淺野八郎著	220 元
5.	已知的他界科學	陳蒼杰譯	220 元
6.	開拓未來的他界科學	陳蒼杰譯	220 元
7.	世紀末變態心理犯罪檔案	沈永嘉譯	240 元
8.	366 天開運年鑑	林廷宇編著	230 元
9.	色彩學與你	野村順一著	230 元
10.	科學手相	淺野八郎著	230 元
11.	你也能成為戀愛高手	柯富陽編著	220 元
12.	血型與十二星座	許淑瑛編著	230 元
13.	動物測驗—人性現形	淺野八郎著	200 元
14.	愛情、幸福完全自測	淺野八郎著	200 元
15.	輕鬆攻佔女性	趙奕世編著	230 元
16.	解讀命運密碼	郭宗德著	200 元
16.	由客家了解亞洲	高木桂藏著	220 元

·女醫師系列· 品冠編號 62

1. 子宮內膜症　　　　　　　國府田清子著　200 元
2. 子宮肌瘤　　　　　　　　黑島淳子著　　200 元
3. 上班女性的壓力症候群　　池下育子著　　200 元
4. 漏尿、尿失禁　　　　　　中田真木著　　200 元
5. 高齡生產　　　　　　　　大鷹美子著　　200 元
6. 子宮癌　　　　　　　　　上坊敏子著　　200 元
7. 避孕　　　　　　　　　　早乙女智子著　200 元
8. 不孕症　　　　　　　　　中村春根著　　200 元
9. 生理痛與生理不順　　　　堀口雅子著　　200 元
10. 更年期　　　　　　　　　野末悅子著　　200 元

·傳統民俗療法· 品冠編號 63

1. 神奇刀療法　　　　　　　潘文雄著　　　200 元
2. 神奇拍打療法　　　　　　安在峰著　　　200 元
3. 神奇拔罐療法　　　　　　安在峰著　　　200 元
4. 神奇艾灸療法　　　　　　安在峰著　　　200 元
5. 神奇貼敷療法　　　　　　安在峰著　　　200 元
6. 神奇薰洗療法　　　　　　安在峰著　　　200 元
7. 神奇耳穴療法　　　　　　安在峰著　　　200 元
8. 神奇指針療法　　　　　　安在峰著　　　200 元
9. 神奇藥酒療法　　　　　　安在峰著　　　200 元
10. 神奇藥茶療法　　　　　　安在峰著　　　200 元
11. 神奇推拿療法　　　　　　張貴荷著　　　200 元
12. 神奇止痛療法　　　　　　漆　浩　著　　200 元
13. 神奇天然藥食物療法　　　李琳編著　　　200 元
14. 神奇新穴療法　　　　　　吳德華編著　　200 元

·常見病藥膳調養叢書· 品冠編號 631

1. 脂肪肝四季飲食　　　　　蕭守貴著　　　200 元
2. 高血壓四季飲食　　　　　秦玖剛著　　　200 元
3. 慢性腎炎四季飲食　　　　魏從強著　　　200 元
4. 高脂血症四季飲食　　　　　薛輝著　　　200 元
5. 慢性胃炎四季飲食　　　　馬秉祥著　　　200 元
6. 糖尿病四季飲食　　　　　王耀獻著　　　200 元
7. 癌症四季飲食　　　　　　　李忠著　　　200 元
8. 痛風四季飲食　　　　　　魯焰主編　　　200 元
9. 肝炎四季飲食　　　　　　王虹等著　　　200 元
10. 肥胖症四季飲食　　　　　李偉等著　　　200 元
11. 膽囊炎、膽石症四季飲食　謝春娥著　　　200 元

・彩色圖解保健・ 品冠編號 64

1.	瘦身	主婦之友社	300 元
2.	腰痛	主婦之友社	300 元
3.	肩膀痠痛	主婦之友社	300 元
4.	腰、膝、腳的疼痛	主婦之友社	300 元
5.	壓力、精神疲勞	主婦之友社	300 元
6.	眼睛疲勞、視力減退	主婦之友社	300 元

・休閒保健叢書・ 品冠編號 641

1.	瘦身保健按摩術	聞慶漢主編	200 元

・心 想 事 成・ 品冠編號 65

1.	魔法愛情點心	結城莫拉著	120 元
2.	可愛手工飾品	結城莫拉著	120 元
3.	可愛打扮 & 髮型	結城莫拉著	120 元
4.	撲克牌算命	結城莫拉著	120 元

・少 年 偵 探・ 品冠編號 66

1.	怪盜二十面相	（精）	江戶川亂步著	特價	189 元
2.	少年偵探團	（精）	江戶川亂步著	特價	189 元
3.	妖怪博士	（精）	江戶川亂步著	特價	189 元
4.	大金塊	（精）	江戶川亂步著	特價	230 元
5.	青銅魔人	（精）	江戶川亂步著	特價	230 元
6.	地底魔術王	（精）	江戶川亂步著	特價	230 元
7.	透明怪人	（精）	江戶川亂步著	特價	230 元
8.	怪人四十面相	（精）	江戶川亂步著	特價	230 元
9.	宇宙怪人	（精）	江戶川亂步著	特價	230 元
10.	恐怖的鐵塔王國	（精）	江戶川亂步著	特價	230 元
11.	灰色巨人	（精）	江戶川亂步著	特價	230 元
12.	海底魔術師	（精）	江戶川亂步著	特價	230 元
13.	黃金豹	（精）	江戶川亂步著	特價	230 元
14.	魔法博士	（精）	江戶川亂步著	特價	230 元
15.	馬戲怪人	（精）	江戶川亂步著	特價	230 元
16.	魔人銅鑼	（精）	江戶川亂步著	特價	230 元
17.	魔法人偶	（精）	江戶川亂步著	特價	230 元
18.	奇面城的秘密	（精）	江戶川亂步著	特價	230 元
19.	夜光人	（精）	江戶川亂步著	特價	230 元
20.	塔上的魔術師	（精）	江戶川亂步著	特價	230 元
21.	鐵人 Q	（精）	江戶川亂步著	特價	230 元
22.	假面恐怖王	（精）	江戶川亂步著	特價	230 元

23. 電人Ｍ　　　　　　（精）江戶川亂步著　特價 230 元
24. 二十面相的詛咒　　（精）江戶川亂步著　特價 230 元
25. 飛天二十面相　　　（精）江戶川亂步著　特價 230 元
26. 黃金怪獸　　　　　（精）江戶川亂步著　特價 230 元

・武 術 特 輯・大展編號 10

1. 陳式太極拳入門	馮志強編著	180 元
2. 武式太極拳	郝少如編著	200 元
3. 中國跆拳道實戰 100 例	岳維傳著	220 元
4. 教門長拳	蕭京凌編著	150 元
5. 跆拳道	蕭京凌編譯	180 元
6. 正傳合氣道	程曉鈴譯	200 元
7. 實用雙節棍	吳志勇編著	200 元
8. 格鬥空手道	鄭旭旭編著	200 元
9. 實用跆拳道	陳國榮編著	200 元
10. 武術初學指南	李文英、解守德編著	250 元
11. 泰國拳	陳國榮著	180 元
12. 中國式摔跤	黃 斌編著	180 元
13. 太極劍入門	李德印編著	180 元
14. 太極拳運動	運動司編	250 元
15. 太極拳譜	清・王宗岳等著	280 元
16. 散手初學	冷 峰編著	200 元
17. 南拳	朱瑞琪編著	180 元
18. 吳式太極劍	王培生著	200 元
19. 太極拳健身與技擊	王培生著	250 元
20. 秘傳武當八卦掌	狄兆龍著	250 元
21. 太極拳論譚	沈 壽著	250 元
22. 陳式太極拳技擊法	馬 虹著	250 元
23. 三十四式太極拳	闞桂香著	180 元
24. 楊式秘傳 129 式太極長拳	張楚全著	280 元
25. 楊式太極拳架詳解	林炳堯著	280 元
26. 華佗五禽劍	劉時榮著	180 元
27. 太極拳基礎講座：基本功與簡化 24 式	李德印著	250 元
28. 武式太極拳精華	薛乃印著	200 元
29. 陳式太極拳拳理闡微	馬 虹著	350 元
30. 陳式太極拳體用全書	馬 虹著	400 元
31. 張三豐太極拳	陳占奎著	200 元
32. 中國太極推手	張 山主編	300 元
33. 48 式太極拳入門	門惠豐編著	220 元
34. 太極拳奇人奇功	嚴翰秀編著	250 元
35. 心意門秘籍	李新民編著	220 元
36. 三才門乾坤戊己功	王培生編著	220 元
37. 武式太極劍精華＋VCD	薛乃印編著	350 元

·彩色圖解太極武術· 大展編號 102

1. 太極功夫扇	李德印編著	220 元
2. 武當太極劍	李德印編著	220 元
3. 楊式太極劍	李德印編著	220 元
4. 楊式太極刀	王志遠著	220 元
5. 二十四式太極拳(楊式)＋VCD	李德印編著	350 元
6. 三十二式太極劍(楊式)＋VCD	李德印編著	350 元
7. 四十二式太極劍＋VCD	李德印編著	350 元
8. 四十二式太極拳＋VCD	李德印編著	350 元
9. 16 式太極拳 18 式太極劍＋VCD	崔仲三著	350 元
10. 楊氏 28 式太極拳＋VCD	趙幼斌著	350 元
11. 楊式太極拳 40 式＋VCD	宗維潔編著	350 元
12. 陳式太極拳 56 式＋VCD	黃康輝等著	350 元
13. 吳式太極拳 45 式＋VCD	宗維潔編著	350 元
14. 精簡陳式太極拳 8 式、16 式	黃康輝編著	220 元
15. 精簡吳式太極拳＜36 式拳架・推手＞	柳恩久主編	220 元
16. 夕陽美功夫扇	李德印著	220 元
17. 綜合 48 式太極拳＋VCD	竺玉明編著	350 元
18. 32 式太極拳（四段）	宗維潔演示	220 元
19. 楊氏 37 式太極拳＋VCD	趙幼斌著	350 元
20. 楊氏 51 式太極劍＋VCD	趙幼斌著	350 元

·國際武術競賽套路· 大展編號 103

1. 長拳	李巧玲執筆	220 元
2. 劍術	程慧琨執筆	220 元
3. 刀術	劉同為執筆	220 元
4. 槍術	張躍寧執筆	220 元
5. 棍術	殷玉柱執筆	220 元

·簡化太極拳· 大展編號 104

1. 陳式太極拳十三式	陳正雷編著	200 元
2. 楊式太極拳十三式	楊振鐸編著	200 元
3. 吳式太極拳十三式	李秉慈編著	200 元
4. 武式太極拳十三式	喬松茂編著	200 元
5. 孫式太極拳十三式	孫劍雲編著	200 元
6. 趙堡太極拳十三式	王海洲編著	200 元

·導引養生功· 大展編號 105

1. 疏筋壯骨功＋VCD	張廣德著	350 元

2. 導引保建功＋VCD　　　　　　　張廣德著　350元
3. 頤身九段錦＋VCD　　　　　　　張廣德著　350元
4. 九九還童功＋VCD　　　　　　　張廣德著　350元
5. 舒心平血功＋VCD　　　　　　　張廣德著　350元
6. 益氣養肺功＋VCD　　　　　　　張廣德著　350元
7. 養生太極扇＋VCD　　　　　　　張廣德著　350元
8. 養生太極棒＋VCD　　　　　　　張廣德著　350元
9. 導引養生形體詩韻＋VCD　　　　張廣德著　350元
10. 四十九式經絡動功＋VCD　　　　張廣德著　350元

・中國當代太極拳名家名著・大展編號106

1. 李德印太極拳規範教程　　　　　李德印著　550元
2. 王培生吳式太極拳詮真　　　　　王培生著　500元
3. 喬松茂武式太極拳詮真　　　　　喬松茂著　450元
4. 孫劍雲孫式太極拳詮真　　　　　孫劍雲著　350元
5. 王海洲趙堡太極拳詮真　　　　　王海洲著　500元
6. 鄭琛太極拳道詮真　　　　　　　鄭琛著　450元
7. 沈壽太極拳文集　　　　　　　　沈壽著　630元

・古代健身功法・大展編號107

1. 練功十八法　　　　　　　　　　蕭凌編著　200元
2. 十段錦運動　　　　　　　　　　劉時榮編著　180元
3. 二十八式長壽健身操　　　　　　劉時榮著　180元
4. 三十二式太極雙扇　　　　　　　劉時榮著　160元

・太極跤・大展編號108

1. 太極防身術　　　　　　　　　　郭慎著　300元
2. 擒拿術　　　　　　　　　　　　郭慎著　280元

・名師出高徒・大展編號111

1. 武術基本功與基本動作　　　　　劉玉萍編著　200元
2. 長拳入門與精進　　　　　　　　吳彬等著　220元
3. 劍術刀術入門與精進　　　　　　楊柏龍等著　220元
4. 棍術、槍術入門與精進　　　　　邱丕相編著　220元
5. 南拳入門與精進　　　　　　　　朱瑞琪編著　220元
6. 散手入門與精進　　　　　　　　張山等著　220元
7. 太極拳入門與精進　　　　　　　李德印編著　280元
8. 太極推手入門與精進　　　　　　田金龍編著　220元

·實用武術技擊· 大展編號 112

1.	實用自衛拳法	溫佐惠著	250 元
2.	搏擊術精選	陳清山等著	220 元
3.	秘傳防身絕技	程崑彬著	230 元
4.	振藩截拳道入門	陳琦平著	220 元
5.	實用擒拿法	韓建中著	220 元
6.	擒拿反擒拿 88 法	韓建中著	250 元
7.	武當秘門技擊術入門篇	高翔著	250 元
8.	武當秘門技擊術絕技篇	高翔著	250 元
9.	太極拳實用技擊法	武世俊著	220 元
10.	奪凶器基本技法	韓建中著	220 元
11.	峨眉拳實用技擊法	吳信良著	300 元

·中國武術規定套路· 大展編號 113

1.	螳螂拳	中國武術系列	300 元
2.	劈掛拳	規定套路編寫組	300 元
3.	八極拳	國家體育總局	250 元
4.	木蘭拳	國家體育總局	230 元

·中華傳統武術· 大展編號 114

1.	中華古今兵械圖考	裴錫榮主編	280 元
2.	武當劍	陳湘陵編著	200 元
3.	梁派八卦掌（老八掌）	李子鳴遺著	220 元
4.	少林 72 藝與武當 36 功	裴錫榮主編	230 元
5.	三十六把擒拿	佐藤金兵衛主編	200 元
6.	武當太極拳與盤手 20 法	裴錫榮主編	220 元
7.	錦八手拳學	楊永著	280 元
8.	自然門功夫精義	陳懷信編著	500 元

·少 林 功 夫· 大展編號 115

1.	少林打擂秘訣	德虔、素法編著	300 元
2.	少林三大名拳 炮拳、大洪拳、六合拳	門惠豐等著	200 元
3.	少林三絕 氣功、點穴、擒拿	德虔編著	300 元
4.	少林怪兵器秘傳	素法等著	250 元
5.	少林護身暗器秘傳	素法等著	220 元
6.	少林金剛硬氣功	楊維編著	250 元
7.	少林棍法大全	德虔、素法編著	250 元
8.	少林看家拳	德虔、素法編著	250 元
9.	少林正宗七十二藝	德虔、素法編著	280 元

10. 少林瘋魔棍闡宗	馬德著	250 元
11. 少林正宗太祖拳法	高翔著	280 元
12. 少林拳技擊入門	劉世君編著	220 元
13. 少林十路鎮山拳	吳景川主編	300 元
14. 少林氣功祕集	釋德虔編著	220 元
15. 少林十大武藝	吳景川主編	450 元
16. 少林飛龍拳	劉世君著	200 元

・迷蹤拳系列・ 大展編號 116

1. 迷蹤拳（一）+VCD	李玉川編著	350 元
2. 迷蹤拳（二）+VCD	李玉川編著	350 元
3. 迷蹤拳（三）	李玉川編著	250 元
4. 迷蹤拳（四）+VCD	李玉川編著	580 元
5. 迷蹤拳（五）	李玉川編著	250 元
6. 迷蹤拳（六）	李玉川編著	300 元
7. 迷蹤拳（七）	李玉川編著	300 元
8. 迷蹤拳（八）	李玉川編著	300 元

・截拳道入門・ 大展編號 117

1. 截拳道手擊技法	舒建臣編著	230 元
2. 截拳道腳踢技法	舒建臣編著	230 元
3. 截拳道擒跌技法	舒建臣編著	230 元

・原地太極拳系列・ 大展編號 11

1. 原地綜合太極拳 24 式	胡啟賢創編	220 元
2. 原地活步太極拳 42 式	胡啟賢創編	200 元
3. 原地簡化太極拳 24 式	胡啟賢創編	200 元
4. 原地太極拳 12 式	胡啟賢創編	200 元
5. 原地青少年太極拳 22 式	胡啟賢創編	220 元

・道 學 文 化・ 大展編號 12

1. 道在養生：道教長壽術	郝勤等著	250 元
2. 龍虎丹道：道教內丹術	郝勤著	300 元
3. 天上人間：道教神仙譜系	黃德海著	250 元
4. 步罡踏斗：道教祭禮儀典	張澤洪著	250 元
5. 道醫窺秘：道教醫學康復術	王慶餘等著	250 元
6. 勸善成仙：道教生命倫理	李剛著	250 元
7. 洞天福地：道教宮觀勝境	沙銘壽著	250 元
8. 青詞碧簫：道教文學藝術	楊光文等著	250 元
9. 沈博絕麗：道教格言精粹	朱耕發等著	250 元

·易 學 智 慧· 大展編號 122

1. 易學與管理　　　　　　　　余敦康主編　250 元
2. 易學與養生　　　　　　　　劉長林等著　300 元
3. 易學與美學　　　　　　　　劉綱紀等著　300 元
4. 易學與科技　　　　　　　　董光壁著　　280 元
5. 易學與建築　　　　　　　　韓增祿著　　280 元
6. 易學源流　　　　　　　　　鄭萬耕著　　280 元
7. 易學的思維　　　　　　　　傅雲龍等著　250 元
8. 周易與易圖　　　　　　　　李申著　　　250 元
9. 中國佛教與周易　　　　　　王仲堯著　　350 元
10. 易學與儒學　　　　　　　　任俊華著　　350 元
11. 易學與道教符號揭秘　　　　詹石窗著　　350 元
12. 易傳通論　　　　　　　　　王博著　　　250 元
13. 談古論今說周易　　　　　　龐鈺龍著　　280 元
14. 易學與史學　　　　　　　　吳懷祺著　　230 元
15. 易學與天文學　　　　　　　盧央著　　　230 元
16. 易學與生態環境　　　　　　楊文衡著　　230 元
17. 易學與中國傳統醫學　　　　蕭漢民著　　280 元

·神 算 大 師· 大展編號 123

1. 劉伯溫神算兵法　　　　　　應涵編著　　280 元
2. 姜太公神算兵法　　　　　　應涵編著　　280 元
3. 鬼谷子神算兵法　　　　　　應涵編著　　280 元
4. 諸葛亮神算兵法　　　　　　應涵編著　　280 元

·鑑 往 知 來· 大展編號 124

1. 《三國志》給現代人的啟示　陳羲主編　　220 元
2. 《史記》給現代人的啟示　　陳羲主編　　220 元
3. 《論語》給現代人的啟示　　陳羲主編　　220 元
4. 《孫子》給現代人的啟示　　陳羲主編　　220 元
5. 《唐詩選》給現代人的啟示　陳羲主編　　220 元
6. 《菜根譚》給現代人的啟示　陳羲主編　　220 元

·秘傳占卜系列· 大展編號 14

1. 手相術　　　　　　　　　　淺野八郎著　180 元
2. 人相術　　　　　　　　　　淺野八郎著　180 元
3. 西洋占星術　　　　　　　　淺野八郎著　180 元
4. 中國神奇占卜　　　　　　　淺野八郎著　150 元
5. 夢判斷　　　　　　　　　　淺野八郎著　150 元
7. 法國式血型學　　　　　　　淺野八郎著　150 元

・健　康　天　地・大展編號 18

・實用女性學講座・ 大展編號19

・超現實心靈講座・ 大展編號 22

・養 生 保 健・ 大展編號 23

4. 龍形實用氣功	吳大才等著	220元
5. 魚戲增視強身氣功	宮 嬰著	220元
7. 道家玄牝氣功	張 章著	200元
8. 仙家秘傳祛病功	李遠國著	160元
9. 少林十大健身功	秦慶豐著	180元
10. 中國自控氣功	張明武著	250元
11. 醫療防癌氣功	黃孝寬著	250元
12. 醫療強身氣功	黃孝寬著	250元
13. 醫療點穴氣功	黃孝寬著	250元
14. 中國八卦如意功	趙維漢著	180元
15. 正宗馬禮堂養氣功	馬禮堂著	420元
16. 秘傳道家筋經內丹功	王慶餘著	300元
17. 三元開慧功	辛桂林著	250元
18. 防癌治癌新氣功	郭 林著	180元
19. 禪定與佛家氣功修煉	劉天君著	200元
20. 顛倒之術	梅自強著	360元
21. 簡明氣功辭典	吳家駿編	360元
22. 八卦三合功	張全亮著	230元
23. 朱砂掌健身養生功	楊永著	250元
24. 抗老功	陳九鶴著	230元
25. 意氣按穴排濁自療法	黃啟運編著	250元
26. 陳式太極拳養生功	陳正雷著	200元
27. 健身祛病小功法	王培生著	200元
28. 張式太極混元功	張春銘著	250元
29. 中國璇密功	羅琴編著	250元
30. 中國少林禪密功	齊飛龍著	200元
31. 郭林新氣功	郭林新氣功研究所	400元
32. 太極 八卦之源與健身養生	鄭志鴻等著	280元
33. 現代原始氣功<1>	林始原著	400元

・社會人智囊・ 大展編號 24

1. 糾紛談判術	清水增三著	160元
2. 創造關鍵術	淺野八郎著	150元
3. 觀人術	淺野八郎著	200元
4. 應急詭辯術	廖英迪編著	160元
5. 天才家學習術	木原武一著	160元
6. 貓型狗式鑑人術	淺野八郎著	180元
7. 逆轉運掌握術	淺野八郎著	180元
8. 人際圓融術	澀谷昌三著	160元
9. 解讀人心術	淺野八郎著	180元
10. 與上司水乳交融術	秋元隆司著	180元
11. 男女心態定律	小田晉著	180元
12. 幽默說話術	林振輝編著	200元

57. 拿破崙智慧箴言　　　　　　柯素娥編著　200 元
58. 解開第六感之謎　　　　　　匠英一編著　200 元
59. 讀心術入門　　　　　　　　王嘉成編著　180 元
60. 這趟人生怎麼走　　　　　　李亦盛編著　200 元
61. 這趟人生無限好　　　　　　李亦盛編著　200 元

·精 選 系 列· 大展編號 25

1. 毛澤東與鄧小平　　　　　渡邊利夫等著　280 元
2. 中國大崩裂　　　　　　　　江戶介雄著　180 元
3. 台灣·亞洲奇蹟　　　　　　上村幸治著　220 元
4. 7-ELEVEN 高盈收策略　　　　國友隆一著　180 元
5. 台灣獨立（新·中國日本戰爭一）　森詠著　200 元
6. 迷失中國的末路　　　　　　江戶雄介著　220 元
7. 2000 年 5 月全世界毀滅　　紫藤甲子男著　180 元
8. 失去鄧小平的中國　　　　　小島朋之著　220 元
9. 世界史爭議性異人傳　　　　桐生操著　200 元
10. 淨化心靈享人生　　　　　松濤弘道著　220 元
11. 人生心情診斷　　　　　　賴藤和寬著　220 元
12. 中美大決戰　　　　　　　檜山良昭著　220 元
13. 黃昏帝國美國　　　　　　　莊雯琳譯　220 元
14. 兩岸衝突（新·中國日本戰爭二）　森詠著　220 元
15. 封鎖台灣（新·中國日本戰爭三）　森詠著　220 元
16. 中國分裂（新·中國日本戰爭四）　森詠著　220 元
17. 由女變男的我　　　　　　虎井正衛著　200 元
18. 佛學的安心立命　　　　　松濤弘道著　220 元
19. 世界喪禮大觀　　　　　　松濤弘道著　280 元
20. 中國內戰（新·中國日本戰爭五）　森詠著　220 元
21. 台灣內亂（新·中國日本戰爭六）　森詠著　220 元
22. 琉球戰爭①（新·中國日本戰爭七）　森詠著　220 元
23. 琉球戰爭②（新·中國日本戰爭八）　森詠著　220 元
24. 台海戰爭（新·中國日本戰爭九）　森詠著　220 元
25. 美中開戰（新·中國日本戰爭十）　森詠著　220 元
26. 東海戰爭①（新·中國日本戰爭十一）森詠著　220 元
27. 東海戰爭②（新·中國日本戰爭十二）森詠著　220 元

·運 動 遊 戲· 大展編號 26

1. 雙人運動　　　　　　　　　李玉瓊譯　160 元
2. 愉快的跳繩運動　　　　　　廖玉山譯　180 元
3. 運動會項目精選　　　　　　王佑京譯　150 元
4. 肋木運動　　　　　　　　　廖玉山譯　150 元
5. 測力運動　　　　　　　　　王佑宗譯　150 元
6. 游泳入門　　　　　　　　唐桂萍編著　200 元

國家圖書館出版品預行編目資料

數學疑問破解/江藤邦彥著；陳蒼杰譯
——初版，——臺北市，大展，2000〔民89〕
面；21公分，——（親子系列；5）
譯自：算數と數學　素朴な疑問
ISBN 957-557-992-5（平裝）
1.數學——問題集
310.22　　　　　　　　　　　　89002808

【版權所有 • 翻印必究】

數學疑問破解

ISBN 957-557-992-5

原 著 者 / 江藤邦彥
翻 譯 者 / 陳 蒼 杰
發 行 人 / 蔡 森 明
出 版 者 / 大展出版社有限公司
社　　址 / 台北市北投區（石牌）致遠一路 2 段 12 巷 1 號
電　　話 / （02）28236031 • 28236033 • 28233123
傳　　真 / （02）28272069
郵政劃撥 / 01669551
網　　址 / www.dah-jaan.com.tw
E‑mail / service@dah-jaan.com.tw
登 記 證 / 局版臺業字第 2171 號
承 印 者 / 高星印刷品行
裝　　訂 / 建鑫印刷裝訂有限公司
排 版 者 / 弘益電腦排版有限公司
初版 1 刷 / 2000 年（民 89 年） 4 月
 2　　刷 / 2006 年（民 95 年） 2 月

定價 / 200 元

●本書若有破損、缺頁敬請寄回本社更換●

大展好書　好書大展
品嘗好書　冠群可期